インパールの戦い

ほんとうに「愚戦」だったのか

笠井亮平

文春新書

1322

文春新書
1322

インパールの戦い

ほんとうに「愚戦」だったのか

笠井亮平

文藝春秋

インパールの戦い　ほんとうに「愚戦」だったのか◎目次

凡例

・断りのないかぎり、英書の訳文は著者によるものである。また、邦訳が出版されている文献でも著者が新しく訳している場合は同様とした。

・和文文献の引用に際しては、適宜現代仮名遣いに改めた。また人名を除き、旧字を常用字に改めた。

・引用部分の著者による注は〔　〕で示した。

・引用文の中に今日からみて不適切と思われる語句や表現などもみられるが、時代背景や歴史資料としての価値を踏まえてそのままとした。

「勝つ事ばかり知りて負くること知らざれば、害その身にいたる」――東照公（徳川家康）御遺訓

「近きを以《もっ》て遠きを待ち、佚《いっ》を以て労を待ち、飽を以て飢を待つ。此《こ》れ力を治むる者なり」――『孫子』「軍争篇」

序章　かつての激戦地に立って

現在のインパール平原（著者撮影）

二〇一九年も暮れようとしていた一二月末のある日、わたしはインド北東部マニプル州、インパールの地に降り立った。かつて日本軍が想像を絶する過酷な環境のなかで、甚大な犠牲を払ってでも到達しようとしてついに叶わなかった目的地だ。

しかし、その場所に自分がいることにどうも実感が湧かなかった。それは何と言っても、あまりにあっさりと現地に着いてしまったからだ。前日の午前中にはまだ成田空港にいて、搭乗前には眩しく感じるほど明るい照明のもと、手土産にと日本の菓子を売店で買っていた。成田からデリーへ行き、一泊した後に国内線の直行便に乗ると、昼過ぎにはすでにインパール空港に到着。成田を出てから二七時間しか経っていなかった。

到着翌日から、戦跡めぐりを開始した。最初、ここは一体どこなのだろうという不思議な感覚があった。「インパールの戦い」における主戦場のひとつ、ティディム・ロードからインパール市内に戻る途中、戦跡ガイドのヤイが車を止めさせ、刈り入れが済んだ田んぼのあぜ道に連れていってくれた。西側にそびえる丘陵地帯を指差し、あの稜線を日本軍が行軍していったのだと教えてくれた。ちょうど夕暮れ時で、太陽が山の彼方に沈もうとしているときだった。その風景は、凄惨な戦闘が行われた現場というよりは、日本の農村と言ったほうがしっくりきそうだった。当時も同じような風景を見たであろう日本軍の将兵は何を思っただろうか。故郷の山河や家族の姿を思い浮かべただろうか。それとも、空腹と行軍に次ぐ行軍、それに飛び交う銃弾のなかで、感傷的な思いにひたる余裕はなかっただろうか――そんなことを考えながらわたしは眼前に広がる景色を眺めていた。

マニプル州各地の戦跡をまわるなかで、案内を頼んだ戦跡ガイドのヤイと、インパールの戦いをめぐり多くの話をした。マニプル出身の彼はデリーやコルカタ（旧カルカッタ）で学んだ後、地元の歴史、とくに第二次世界大戦期に現地で何が起きたのかを知りたいと思うようになり、二〇一〇年からは戦跡ガイドの仕事をしている。戦時中に撮影された白黒写真を手にインパールやコヒマ、さらにはミャンマー（旧ビルマ）側の戦跡を丹念にまわって当時と現在の状況を比較したり、膨大な量の英語文献や地元の資料にあたって細部まで検討を加えたり――ヤイからは、ガイドというよりフットワークの軽い、アクティブで情熱的な学者のような印象を受けた。インパールやコヒマの戦いについてマニプルやナガランドの古老たちからの聞き取りも重ね、その成果を一冊の本にまとめて二〇一九年に出版することもしている。

ヤイの客はイギリス人が大半を占めるということだった。英印軍（イギリス植民地下のインド軍。兵士はインド人やグルカ族で、指揮官はイギリス人将校。ただし、インド人将校もいた）の側で戦った将兵にとって、インパールやコヒマは苦難の末に勝利を収めた「栄光の地」なのだろう。それだけに、ヤイはイギリス側の見方に精通していた。

「イギリスの博物館が自国の『最大の戦い』を決める企画を行ったことがあるのですが、そこで選ばれたのが『インパールの戦い』でした」――イギリス側がインパール作戦をどう見ているかに話が及んだとき、ヤイがそう言った。「東のスターリングラード」と呼ばれている、とも。

後日調べてみると、彼の言うとおりだった。二〇一三年四月の国立陸軍博物館による企画で、参加した歴史家たちはインパールとコヒマの戦いを「グレイテスト・バトル」に選んでいたのだ。一九四四年のノルマンディー上陸作戦や一八一五年にナポレオンを破ったワーテルローの戦いを抑えての選出だっただけに、ＢＢＣは「サプライズだ」と評している。

「東のスターリングラード」という表現については、すでに一九五五年に出版されたインドの文献で「独ソ戦におけるスターリングラードと同じように、ビルマ戦においてインパールは重要な役割を担った」という言及が見つかった（S. G. Chaphekar, *A Brief Study of the Burma Campaign, 1943-45*, p.48）。その後、英文の戦史書や記事でインパールやコヒマの戦いを紹介する際に使われるようになり、最近ではCNNのウェブ記事のタイトルにも登場している（"Revisiting India's forgotten battle of WWII: Kohima-Imphal, the Stalingrad of the East"〈「『東のスターリングラード』ことコヒマ・インパール：インドの忘れられた第二次大戦の戦いを再考する」〉, CNN, October 5, 2020）。

この結果はわたしにとっても意外だった。日本でインパール作戦と言えば、たしかに「激戦」という言葉がついてまわるが、その敗北は英印軍との戦いもさることながら、「自滅」によるものだという印象が強かったからだ。実際、作戦には日本軍の三個師団が参加したが、戦病死や餓死の割合が大きく、戦死者数を上回っていた師団もあったほどだ。手持ちの食糧が底をついても補給などなく、モンスーンがもたらす猛烈な雨のなかでマラリアやアメーバ赤痢《せきり》といった感染症が蔓延《まんえん》、命尽き果てた将兵の死体は打ち捨てるよりほかなかった――「白骨街道」という言葉とともに、そんなイメージを抱くことが多いのではないだろうか。部下の慎重論を排し、兵站《へいたん》を無視して作戦を強行した第一五軍司令官・牟《む》田口廉也《たぐちれんや》中将の「無謀さ」にも、必ずと言ってよいほど非難の矛先が向けられる。

そんな日本軍が相手だったのだから、英印軍からすれば、「楽勝」とは言わないまでも、終始自分たちのペースで進められる、余裕のある戦いだったはずだ。それがなぜ、「最大の戦い」と位置づけられるのだろうか。スターリングラードに比せられるほどの激戦になったのはなぜか。それほどまでに重視されるインパールの戦いは、英国にとってどのような意味を持っていたのだろうか。

わたしはインドをはじめとする南アジアを研究する立場から、インパールの戦いに注目してきた。外務省の仕事でインドやパキスタンの日本大使館に駐在したこともあり、両国の都市部から辺境まで各地を訪ねてまわってきた。二〇一六年には、戦前に日本で生まれ育ち、インド国民軍（ＩＮＡ）の女性部隊に参加したインド人少女の物語を軸に、インド独立運動と日本の関わりをテーマとした本を上梓した。

当時からインパールの戦いを取り上げた膨大な数の文献に接してきたが、そのなかで気になって仕方がないことがいくつかあった。そのひとつは、議論の方向性や記述の内容がひどく内向きなことだった。作戦に参加した将兵自身が記したものであれば、ビルマ・インド国境線にあるアラカン山系を越える行軍や補給の途絶、感染症の蔓延がいかに過酷だったかが縷々《るる》としてつづられている。リーダーシップや意思決定の観点から論じたものであれば、牟田口廉也第一五軍司令官の「暴走」とそれを止められずに作戦を容認してしまった河邊《かわべ》正三《まさかず》・ビルマ方面軍司令官や大本営の対応を批判的に取り上げる、といった具合だ。

もちろん、それを否定するつもりは毛頭ない。とくに、将兵の回想録や連隊の文集、記者のルポルタージュを読むときは、筆舌に尽くしがたいほどの戦場の残酷さゆえに、いつも胸が締め付けられるような気持ちになる。生還者の多くが当時の状況を「この世の地獄」と表現しているが、誇張とはとても思えない。司令官を責める議論にも妥当性はあるし、そこから引き出せる教訓はいくつもあるだろう。

ただ、ここで問題にしたいのは、戦いの相手である英印軍の存在が希薄に感じられるという点なのだ。種々の文献で英印軍のことが出てこないわけではない。たとえば、要衝のコヒマを占領した第三一師団の関係者は、敵軍との間に繰り広げられた壮絶な攻防戦の様子を克明《こくめい》に記している。しかし全体としては、英印軍はどこか遠い彼方の存在という印象を受けることが多かった。同じことは、友軍であるはずのＩＮＡについても当てはまる。作戦当時、従軍記者として現地で行動をともにした丸山静雄氏の著作など若干の例外を除いて、ＩＮＡに話が及ぶことはまれで、取り上げられる場合でもごく簡単にしか触れられていないのである。

もうひとつは、扱われる「期間」をめぐる問題だ。「ウ号作戦」が実施された一九四四年三月から七月の間に焦点を当てる文献が多く、広くとっても大本営が作戦を認可した同年一月か、牟田口司令官が作戦を推進するべく兵棋《へいぎ》演習を行った四三年六月あたりまでなのだ。たしかにその期間が「インパール作戦」と言ってしまえばそれまでだが、この戦いが持つ意味をより深く理解するためには、果たしてそれで十分なのか。もっと長いスパンで捉える必要があるのではないか――そんな気がしてならなかった。

　さらに、「インド北東部」という場所とそこに住む人びとの存在があまり語られていないのではないか、という点もある。戦跡ガイドのヤイがこんなことを言っていた。「インパールの戦いは、あたかも誰も人が住んでいない土地で英印軍と日本軍が戦ったかのように伝えられることが多いのです。でも、そんなことはありません。戦場となった場所には、人びとが住み、生活の営みがあったのです」。わたしが感じていたことと、まさに一致していた。激戦が展開されるなか、現地の人びとはどのような影響を受けたのか。英印軍に協力した部族もいたし、逆に日本軍に協力した部族もいただろう。彼らはどんな思いから決断をしたのか。

　一言でいえば、インパールの戦いをめぐる日本の議論には、他者の視点とより大きな観点が欠けているのではないか、ということなのだ。戦いの実態を詳細に検証することは必要にしても、その向きを外にも向けるべきなのである。その思いは、現地を訪問していっそう強まるばかりだった。

　そこでわたしは、英印軍の視点から書かれた英国の文献やインド北東部の資料を集中的に渉猟《しょうりょう》し、再検討を加えることにした。元々所蔵していたＩＮＡ側の資料にもあらためて当たってみたほか、インド北東部に詳しい専門家の話にも耳を傾けた。

　その作業から、いくつか重要なことがわかってきた。

　まず何と言っても、インパールの戦いに対する英印軍、さらには英国の確固たる位置づけだった。一九四一年一二月から四二年四月にかけて、アジアに駐留する英印軍は快進撃をつづける日本軍の前に惨めな敗北を喫した。マレー半島、香港、シンガポール、そしてビルマと、大英帝国の植民地はまたたく間に失われていった。その結果、インドは帝国の要《かなめ》というだけでなく、アジアにおける最後の砦《とりで》になったのである。そこに日本軍から攻め込まれ、インパールなど北東部、さらに広い地域が占領される事態になれば、戦況面でも心理面でも深刻な打撃を被ることになる。折から過熱していたインド国内の独立運動との連動も危惧された。帝国の屋台骨が大きく揺らぎかねない状況にあったのである。

当然ながら英印軍はインド防衛だけでなく、反攻の機会も虎視《こし》眈々《たんたん》とうかがっていた。ビルマ奪還という目標は一九四二年春の撤退直後から、英印軍のなかで掲げられてきた。問題は、それをいつ、どうやって実施するかだった。ビルマ敗退戦で激しく消耗し、将兵の士気も低下した軍をどう立て直すかも課題だった。

現地で軍を率いることになったウィリアム・スリム将軍ら司令官は、「絶対に負けられない戦い」を制すべく、さまざまな措置を講じた。戦略の練り直し、新たな戦術の導入、将兵の戦意向上に向けた試み、それに現地部族との協力関係の再構築である。

一九四四年三月に日本軍がついにアラカン山系を越えてきたとき、英印軍は万全の状態を整えていた。実際、多くの局面で英印軍は有利に戦闘を展開した。とはいっても、あちこちで「誤算」が生じ、なかには全体の戦況を左右しかねないものもあった。日本軍の将兵は限られた装備と食糧にもかかわらず、あと少しというところまで英印軍を追い詰めた。その結果、「東のスターリングラード」「グレイテスト・バトル」と称されるほどの戦いに発展したのである。

では、激戦の勝敗を決したものは何だったのか。

それは「準備」と「情報」の差である、というのが筆者の考えだ。英印軍はビルマでの敗北から教訓を汲み取り、次の戦いを見据えて徹底的な準備に取り組むとともに、そのために必要な情報収集を行った。さらに、連合軍のアジア・太平洋戦線をいかに有利に進めていくかという戦略のなかにインド防衛・ビルマ奪還を位置付け、味方の損害を最小限に抑えるとともに日本軍の抵抗力を奪おうとした。チェスに例えれば、チェックメイトに持っていくべく敵をじりじりと追い詰めていくプロセスに似ていた。

一方の日本軍は、英国屈服を対米英戦終結に向けたカギと位置づけながらも、大英帝国の要であるインドにどう対処していくかについて戦略を持っていなかった。個々の軍人でビジョンを持っていた者はいたが、それが軍という集団としての共通認識になることはなかった。そもそもソ連や中国に目が向いていた陸軍にとって、インドはおろか南方に対する関心は低く、対米英戦が現実味を増すなかで慌てて情報収集に着手するという有様だった。

たしかにマレー半島で投降インド兵を組織して結成されたＩＮＡはあったし、卓越した独立運動指導者のスバース・チャンドラ・ボースも招聘《しょうへい》した。Ｆ機関から岩畔《いわくろ》機関を経て光機関にいたった対インド工作機関も、シンガポールやビルマ、インド・ビルマ（印緬《いんめん》）

国境地域で秘密裏に活動を展開し、英印軍にとっては脅威となった。とはいえ、こうした個別の活動が一定の成果を挙げる一方で、インド北東部に進攻して英印軍と戦うことの意味が戦争指導全体のなかで的確に位置付けられることはなかった。

日本軍がインパール作戦を実行したのは、「一発逆転」に賭けたからだった。太平洋戦線で苦戦がつづくなか、インド北東部で輝かしい勝利を手にすることで一気に戦局を転換したいというねらいがあったのだ。牟田口司令官は作戦発起から二か月足らずの天長節（昭和天皇の誕生日である四月二九日）までにインパールを陥落させたいという目標を掲げていたが、そこにも皇軍の戦意高揚を図りたいという目論見があってこそだっただろう。

日本軍の期待を英印軍と同じように盤上ゲームに例えれば、オセロで起死回生の一手によってずらりと並ぶ相手の石を一気に裏返そうとする試みだったと言える。しかし、それはあまりに実行可能性を無視したものだったし、現実としても大失敗に終わったのである。

本書は、このような視点からインパールの戦いを捉え直そうとするものである。すでに読者は気づいていると思うが、本書では「インパール作戦」ではなく、あえて「インパールの戦い」としている。「インパール作戦」と言ってしまうと、どうしても日本側からの視点が主になってしまいがちという考えからだ。日本軍と英印軍を対比させるとともに、インド国民軍やインド北東部の諸部族といった日本では従来取り上げられることが少なかったファクターにも着目することで、この戦いに新たな光を当てたいと考えている。

第一章　ビルマをめぐる攻防

ウィリアム・スリム

牟田口廉也

「われわれは行軍を再開した。密林を通る小径は果てしなくつづくかのように見えた。輸送用のトラックは五〇台しかなく、兵員の移動に使われていた。しかし、兵員の大半は歩かねばならなかった――それまでにもうんざりするほどの長距離をそうしてきたのだが。あまりにも多くの者が文字通り自分の足で移動せざるを得なかったため、軍靴は履きつぶされてしまっていた。軍服はぼろぼろになり、将校も兵士も着ているもの以外に替えはなかった。ひげ剃り道具はどんどん少なくなっていき、誰もがひげを生やしたままになっていた」

これは、一九四四年のインパール作戦で敗北を喫し、撤退したときの様子を振り返った日本軍将校の回想――ではない。英印軍ビルマ軍団司令官のウィリアム・スリム中将が回顧録『敗北から勝利へ（*Defeat into Victory*）』で、一九四二年四月のビルマからインドへの撤退について振り返った部分の一節である。彼は約二年後、英印軍第一四軍司令官として英領インド北東部のインパールとコヒマで日本軍三個師団を迎え撃ち、激戦の末に勝利を収めることに成功する。しかしこのときは防戦一方で、自軍の損害を最小限にしてインド側に移動させるのがやっとだった。

スリムがビルマに呼ばれたのは突然のことだった。第二次世界大戦勃発後、彼はアフリカのスーダンで第一〇インド歩兵旅団長、次いでイラク戦線で第一〇インド歩兵師団長を務めていた。そんな彼が「ビルマ軍団」の指揮を執るよう命じられたのは、一九四二年三月のことだった。同軍団は英国によるビルマ防衛軍の主力として新設されたばかりの組織で、第一七インド師団と第一ビルマ師団に加え、中東から移動してきた第七機甲旅団も含められた。

着任のタイミングはきわめて厳しかった。ビルマ防衛に当たっていた英印軍は防戦一方だった。スリムがインドの司令部からマグウェに到着した三月一九日の時点では、すでに首都ラングーン（現ヤンゴン）は陥落し、日本軍はさらに中部ビルマに向けて進軍していた。英印軍ではインド兵の脱走がやまず、一部では暴徒化していた。当初スリムは中部の油田地帯エナンジョンの防衛や中国遠征軍（蔣介石《しょうかいせき》率いる重慶《じゅうけい》政府による派遣軍）と連携して日本軍のビルマ北部進攻を食い止めようとしたが、不調に終わった。

こうした戦況を受け、自軍の損害を最小限にとどめながら、日本軍の追撃を振り切り、インド側のインパールへと撤退していくことがスリムの任務になった。しかし、ビルマとインド側マニプルの間には嶮峻《けんしゅん》なアラカン山系が立ちはだかっている。ラングーンやビルマ第二の都市マンダレーから国境近くまでの移動に加え、さらなる山越えは計り知れない労苦をもたらした。インドに逃れたのは将兵だけではなく、ビルマ在住の英国人とインド人も、われ先にと脱出を試みていた。こうした避難民の安全確保と円滑な移動もスリムの任務となった。

撤退戦は時間との戦いでもあった。インド・ビルマ国境地帯では五月中旬になると雨季が訪れる。世界でも有数の豪雨地帯だけに――のちにインパールからの撤退時に日本軍は多大な苦痛を強いられることになる――、雨季到来前に移動を完了できるとできないとでは大きな違いが生じることが予想された。ビルマ防衛軍のハロルド・アレクサンダー中将が全軍に撤退を命じたのが四月二五日。約三週間という限られた時間での撤退になった。

快進撃の日本軍

一九四一年一二月八日、連合艦隊が真珠湾の米軍を攻撃する一方、陸軍はマレー半島コタバルに上陸し、対英戦の火蓋を切った。同日、山下奉文《やましたともゆき》中将率いる第二五軍は同半島のタイ領シンゴラに司令部を開設した。翌九日には海軍がマレー沖でイギリス東洋艦隊を発見し、一〇日に航空部隊による攻撃で戦艦「プリンス・オブ・ウェールズ」と巡洋戦艦

「レパルス」の撃沈に成功した。これによって海から反撃を受ける可能性がなくなり、陸軍はマレー作戦の展開が容易になった。半島を南下した部隊は翌四二年一月一一日にクアラルンプールを、一月三一日にはジョホール・バル を攻略した。

英軍は日本軍が進攻してくる可能性を念頭に置いてはいたものの、その実力については甘く見ていたようだ。インド駐留軍のアーチボルド・ウェーヴェル司令官（一九四二年初期のみABDA〈米英蘭豪〉司令官）は一九四一年一二月七日——開戦の数時間前のことだ——にカルカッタで行ったスピーチで、出席者に対し次のように語っている。

「現下の日本の威《い》嚇《かく》的な態度に鑑《かんが》みれば、わたしが最近ビルマとマラヤを訪問した際の様子をお知りになりたいと思われるでしょう。わたしはいかなる攻撃にも対処できるだけの防衛力の強さに感銘を受けました。そして、陸海空の防衛態勢は一貫して強化されつつあるのです」(John Connell, *Wavell: Supreme Commander, 1941-1943*, p.45)

日本軍はその後も進撃の手を緩めず、ジョホール水道の南方、シンガポールの攻略に着手した。英国にとってシンガポールは、軍事面でも通商面でもアジア支配の要だ。攻略作戦は二月八日から始まった。日本軍は陸上戦のみならず砲撃や空からの攻撃にも支えられ、有利に戦闘を展開した。同月一五日、英軍が降伏。上陸開始からわずか七〇日間で日本軍は英軍を駆逐し、マレー半島を支配下に置いたのである。

　マレー作戦を担った第二五軍のなかに、第一八師団があった。元々中国戦線に派遣されていたが、一九四一年一一月に第二五軍の戦闘序列に編入された。この師団長を務めていたのが牟田口廉也中将である。のちに第一五軍司令官として強硬にインパール作戦を推進することになる彼は、マレー作戦やシンガポール攻略で麾下《きか》部隊が順調に戦闘を展開する様子を見て、敵の戦意は低い、英軍与《くみ》しやすしと思ったことだろう。

　一方、ビルマでも日本軍の作戦が始まっていた。当初、ビルマは大本営の作戦構想のなかで大きな位置を占めていたわけではなかった。南方における長期持久態勢の確立に加え、連合軍による中国の蔣介石（重慶政府）への補給をになう「援蔣ルート」の遮断やインドの対英離反工作促進という観点で重要な意味を持つ地域ではあった。しかし、全体的な兵力配置面の制約上、優先順位は必ずしも高くなかった。このため、大本営から南方軍への指示は、「南方攻略作戦間機を見て南部ビルマの航空基地を奪取し尚《なお》作戦一段落し状況之《これ》を許す限りビルマ処理の為の作戦を実施」するとの内容にとどまっていた（太田常蔵『ビ

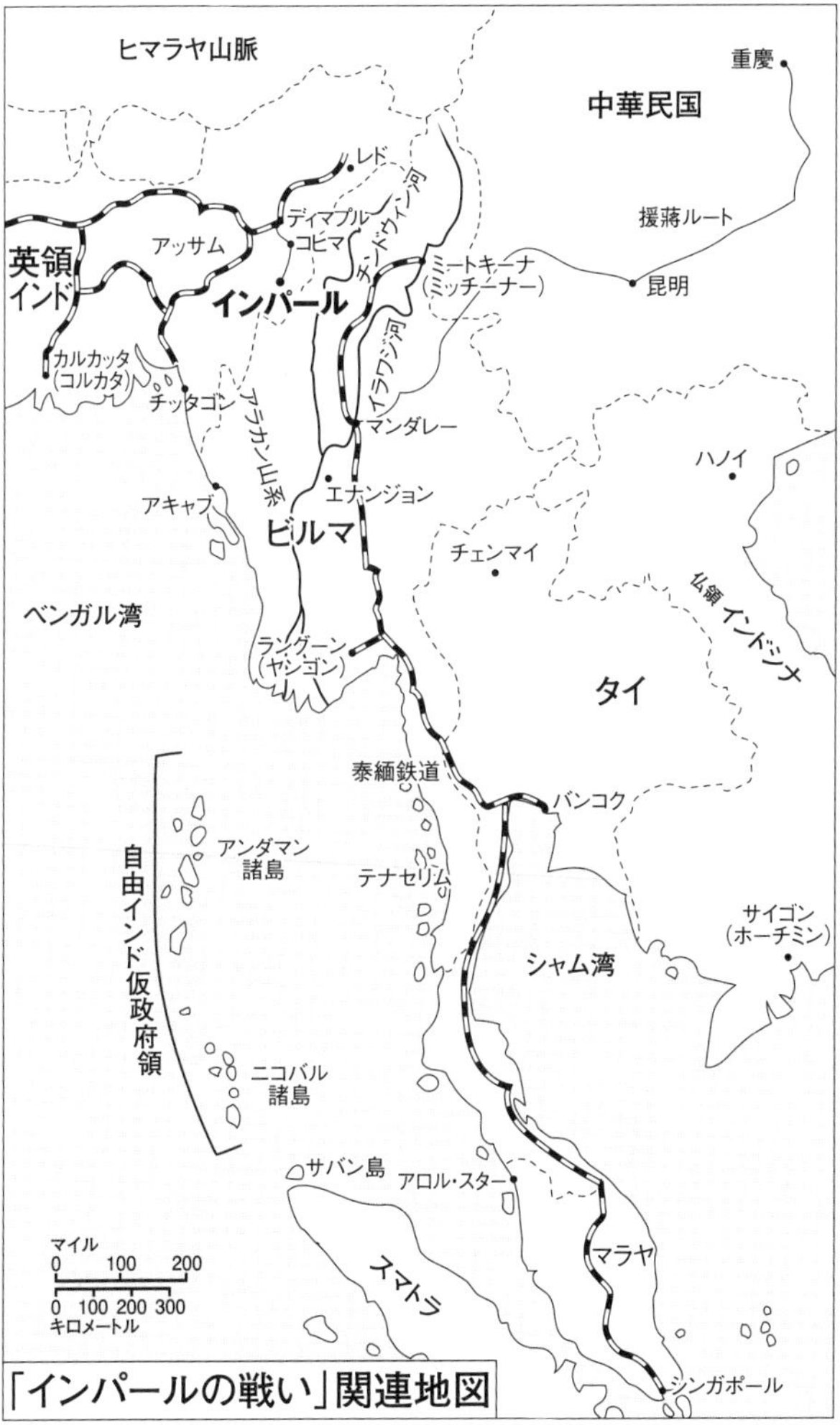

「インパールの戦い」関連地図

ルマにおける日本軍政史の研究』p.5)。つまり、最初からビルマ全土を平定するというわけではなかったのである。

この方針にもとづき、タイに進駐した飯田《いいだ》祥二郎《しょうじろう》中将率いる第一五軍がビルマ作戦を担うことになった。一九四一年一二月一四日、隷下の第五五師団がビルマ最南端のヴィクトリアポイント（現コートーン）を攻略した。さらに、四二年一月末に同師団の主力部隊がビルマ第三の都市・モールメン（現モーラミャイン）を、翌二月初旬には第三三師団がパアーンをそれぞれ占領した。

第一五軍は一月上旬に策定した計画にのっとり南部ビルマへの進攻を展開していたが、首都ラングーン攻略は補給の制約もあり、時間を要すると考えていた。しかし、マレー方面の順調な戦況を受けて、南方軍は積極的な姿勢に転じるようになる。英印軍が増援部隊を送り込んでくるとの情報も入り、それに対応する必要もあった。二月九日には第一五軍に対し「ラングーン地方に進出」、「北方に地歩を獲得」、「マンダレー及びエナンジョン付近に向う作戦を準備」せよとの命令がくだった。一か月で計画はビルマの一部地域の占領から、首都ラングーンや同国第二の都市で中部最大の拠点であるマンダレー、さらにはその先まで視野に入れるようになったのである。エナンジョンには油田があり、ここも押さえておきたい場所だった。

ラングーンは三月八日に陥落し、飯田司令官が入城した。英国のビルマ総督、レジナルド・ドーマン＝スミスは陥落前にラングーンを脱出し、中部の避暑地、メイミョー（現ピンウールイン）に逃れていた。南方軍はビルマ中部・北部に目を向け、「進んで戦機を捕捉し且つ放胆果敢なる作戦」を行うよう命じた。マレー作戦が終了したことに伴い、シンガポールから牟田口司令官の第一八師団、それに第五六師団が第一五軍の戦闘序列に加わることも決まり、日本軍は勢力を増した。

中部のエナンジョンは四月一七日に占領し、マンダレーも五月一日に陥落した。ミートキーナ（ミッチーナー）やバーモといった中国との国境に近い辺境地域の拠点も第五六師団によって攻略されるに至り、ビルマ平定作戦は成功裏に終了した。五月上旬までに日本軍がビルマ北部まで達したことで援蒋ルートは遮断され、補給の危機に直面した重慶政府はインド北東部からの空輸に頼らざるを得なくなった。日本軍はビルマ北西部ではチンドウィン河沿いのラインまで進出し、インド北東部に接近するところまできた。日本軍の目標は達成されたと言える。

英印軍はなぜ完敗したか

日本軍がヴィクトリアポイント攻略からラングーン陥落まで要したのが三か月足らず、マンダレー陥落を経てビルマ平定までに要したのは約五か月だった。ビルマ防衛軍が装備面で上回っていたにもかかわらず、日本軍は各地で撃破している。面積的にも日本の一・八倍という広大なビルマで、これほど迅速に作戦を完了できたのはなぜか。

その理由としてまず挙げられるのは、日本軍の経験値の高さだろう。ビルマ平定作戦を担った第一五軍のうち、中国戦線やシンガポール攻略戦などに参加した師団は実戦経験を積んできた。第三三師団は一九三九年に設置された比較的新しい師団だったが、ビルマに来るまでは湖北省や山西省などの中国戦線で作戦に従事してきた。そして牟田口中将の第一八師団は日中戦争勃発直後から中国戦線に投入され、その後マレー作戦に参加し、シンガポール陥落で中心的な役割を担ったことは前述したとおりである。

南機関の役割も無視できない。南機関は参謀本部の鈴木敬司大佐による特務機関で、アウンサン——アウンサンスーチーの父——らビルマ人独立活動家三〇人を中国海南島の三《さん》亜《あ》で訓練し、日本軍のビルマ進攻に合わせて「ビルマ独立義勇軍（ＢＩＡ）」として現地に送り込んだ。ＢＩＡは鈴木が司令官となったのをはじめ、日本軍関係者も数多く加わった。彼らが展開した宣撫工作が功を奏し、ビルマ人の青年が続々と加わってきた。その規模はラングーン陥落時には約一万人に達していたという（泉谷達郎『その名は南機関　ビルマ独立秘史』）。戦闘面でも、ビルマ戦初期の山場だった二月下旬のシッタン河攻防戦で、ＢＩＡが先回りして英印軍の退路を阻むなど、重要な戦果を挙げることもした。ただ、ビルマへの独立付与をめぐりこの頃から日本軍とＢＩＡの対立も表面化する。これについては後述する。

そしてなにより重要なのが、英印軍の方は日本軍の進攻に対し十分な準備ができていなかったことである。インド駐留軍やビルマ防衛軍の上層部は日本軍がビルマまで進攻してくるとは予期しておらず、部隊の一部は砂漠戦用の装備だったという（Brian Bond, “The Army Level of Command: General Sir William Slim and Fourteenth Army in Burma”）。中東からビルマに急遽赴任したスリムは、当時の英印軍の実態をこう記している。

　「〔日本軍が〕来襲したときのわが軍の準備不足は甚《はなは》だしく、われわれはその対価を払うことになった。根本的な過ちは、ビルマにいた人間〔英軍〕のほとんど、それに外部の人間では誰もが本当に〔日本軍に〕攻撃されるとは思っていなかったことだ。

防衛態勢は誰が責任を持つのか、そして仮に攻撃を受けた場合、誰が実際に防衛の任に当たるのかについて、明確なあるいは一貫した決定を欠いていたのだ」（Slim, *Defeat into Victory*）

指揮命令系統もうまく機能しなかった。その典型的な例は、ラングーン防衛をめぐる各司令官の異なる見解と、それがもたらした混乱に見出すことができる。

ロンドンのウィンストン・チャーチル首相はラングーン死守を命じていた。しかし、現実は厳しかった。ビルマ総督のドーマン＝スミスはインド総督リンリスゴーに宛てた電報で、ラングーン防衛は困難との見方を伝え、脱出を予告していた。その一方で、インド駐留軍のウェーヴェル司令官は、増援部隊があればラングーン防衛は可能であると、遠く一〇〇〇キロ離れたインドのカルカッタで考えていた。

実際、ビルマ防衛軍司令官のトーマス・ハットンが戦力温存のためにいったん転出させた第六三インド歩兵旅団を、わざわざ引き戻してラングーン港に再上陸させるということまでした（ルイ・アレン『ビルマ　遠い戦場（上）』）。

ウェーヴェルはビルマのマグウェで開いた会議で、軍幹部が居並ぶなか軍の転出を指示したハットンを罵倒したという。彼はハットンの弱腰の姿勢がよほど気に入らなかったのか、日本軍がせまるなかでビルマ防衛軍司令官の交代を決断し、後任にハロルド・アレクサンダー中将を起用することにした。インパール作戦に懸念を示した部下を罵倒し、作戦発起後に三師団の師団長全員を入れ替えた牟田口廉也第一五軍司令官を彷彿《ほうふつ》とさせる対応だ。それだけこのときの英印軍は動揺していたということだろう。

師団長レベルでも更迭《こうてつ》事件があった。二月下旬のシッタン鉄橋の爆破をめぐり、第一七インド師団長のジョン・スミス少将が責任を問われて更迭、参謀長のデイヴィッド・コーワン少将が昇格するという異動があった。チャーチルが回顧録で「シッタン河の惨事は、ビルマの運命を決定したらしく思われた」と記しているように、同河をめぐる攻防はビルマ戦序盤の山場と言える戦いだった。

詳しく見てみよう。同地域の防衛を担当していた第一七インド師団は日本軍を撃退することは不可能と判断し、少しでも進軍を食い止めるべくシッタン鉄橋を爆破することにした。ここを突破されれば、ペグーを経てラングーンへの道が開かれるからである。爆破自体は実行できたのだが、重大な問題があった。シッタン河東岸に師団兵力の三分の二が取り残されてしまったのだ。師団長のスミスは撤退や爆破のタイミングが適切だったかを問われたのである（このときスミスは痔瘻《じろう》を患っており、体調が万全ではなかったとされる）。英軍は万事がこのようにミスが相次ぐ状態だった。

連携を欠いた英・米・中・豪の連合軍

チャーチルはラングーン防衛に当たり、オーストラリア軍の増援部隊に期待をかけていた。ところが、豪州のジョン・カーティン首相は中東からアジアに移動していた二個師団のうち、先行する一個師団をビルマ防衛に振り向けてほしいという要請をにべもなく断ってきた。日本軍が太平洋でも占領地域を拡大するなか、自国の防衛を優先したのである。チャーチルは回顧録で「豪州政府がわれわれの援助要請を拒んだことを、記録せねばならぬ。私としては、この事実は話したくないのだが、ビルマ作戦の物語はそれを必要とする」と、苦々しさをにじませながら当時のやりとりを紹介している（ウィンストン・チャーチル『第二次大戦回顧録　第13』）。

チャーチルは米国にも豪州を説得してもらおうとした。ビルマを失陥すれば援蔣ルートが閉ざされ、重慶政府が危機に瀕することになる。蔣介石を支援する米国にとっても一大事だった。チャーチルの要請を受けて、フランクリン・D・ローズヴェルト大統領は二月二〇日、カーティン豪首相宛に次のような電報を送った。

「若しビルマを失うならば、豪州も含むわれわれの立場全部は、極端に危険なものになる、と私は思います。（中略）日本軍が急速に進んでいることは認めますが、豪州の地理的位置からいって、（中略）貴国の重要中心地が危険に瀕していると信じることは出来ません」

「決定を再考慮し、今や豪州への途上にある師団に全速力でビルマで戦っている英軍支援に赴く命令を出して下さることを、お願いするものです」（チャーチル前掲資料）

チャーチルも約一週間にわたりカーティンに繰り返し電報を送り翻意を促したが、豪州の考えが変わることはなかった。これ以上の説得は無意味と悟った彼は、二月二五日、ビルマ総督ドーマン＝スミス宛に次のような短い電報を送った。「われらはあらゆる懇願をなしたが、豪州政府は絶対に拒否した。戦い続けられよ」

豪州には断られた英軍だったが、実は北方から別の援軍が到着していた。蔣介石が送り込んだ「中国遠征軍」である。蔣介石は、日本軍がいずれ南進してくることを想定し、雲南防衛の必要性とともに、ビルマからの補給ルートの確保が死活問題だと認識していた。ビルマ防衛に協力することで、英中関係の緊密化を図りたいとの思惑もあった。こうした観点から、一九四一年一二月から翌四二年四月にかけて、中国軍の三個軍がビルマ北部と中部に派遣されたのだ。

しかし、中国遠征軍は必ずしも英印軍から好意的に受け止められたわけではなかった。蔣介石も、「イギリス側はビルマへの派兵を歓迎していない」と日記で記している（藤井元博「中国国民政府の対日戦略と軍事作戦」）。蔣介石の軍事顧問にして遠征軍司令官で米国人のジョセフ・スティルウェルと各軍指揮官の関係も、作戦の進め方をめぐりぎくしゃくした状態がつづいた。

四月に日本軍が中部の要衝エナンジョンでビルマ第一師団を包囲したときには、中国遠征軍が駆けつけて救出に成功した。四月上旬に行われたトングーの戦いでも、遠征軍が日本軍の第五五師団に大きな損害を与えた（藤井元博「ビルマ戦、1942年—日中の視点から」）。このように、中国遠征軍が友軍として役割を発揮した場面がないわけではなかった。しかし、統一的な運用を欠いたことは否めない。中国遠征軍側で英語を解する要員が限られていたため、コミュニケーション面で問題が生じたこともあった。結局、遠征軍は北上する日本軍を食い止めることはできず、二手に分かれて——一方は雲南へ、もう一方は英印軍とともにインド北東部へ——撤退を強いられることになったのである。

ベルリンのインド人独立運動指導者

ここでもうひとりのキーパーソンに登場してもらおう。日本軍が対米英戦争を開始し、ビルマを制圧していく様子を約八〇〇〇キロ離れたドイツ・ベルリンで注視していたインド人がいた。その男の名は、スバース・チャンドラ・ボース。インド国民会議派議長を務めたこともある、独立運動の有力指導者だ（後述する「中村屋のボース」ことラーシュ・ビハーリー・ボースとは別人。血縁関係もない）。英国の植民地支配からインドを解放するためには武力が必要との立場で、国外で反英勢力から協力を得ようとしていた。

ボースは一八九七年にインド・ベンガル州（現オディシャ州）カタックに生まれた。弁護士をしていた父ジャナキナート・ボースの影響を受けて育ち、名門カルカッタ大学を卒業。一九一九年に英国ケンブリッジ大学に留学、翌二〇年にはインド高等文官（ＩＣＳ）試験に合格した。ＩＣＳは英国統治のもとでインド人を対象とした官僚制度で、難関の試験に合格し晴れて植民地官僚となれば、安定した生活は保障されたも同然だった。ところが、インド独立への思いを強めていたボースはこのまま任官すれば英国の植民地統治に手を貸すことになると考え、資格を返上するという前代未聞の選択をした。

　そのころ、インド本国では反英の気運が高まっていた。モーハンダース・カラムチャンド・ガンディー（マハートマ・ガンディー）が一九一五年に南アフリカから帰国し、不服従運動を展開していた。一九年にテロ取締を目的として令状なしの逮捕や裁判を経ずに容疑者を投獄できることなどを定めた「ローラット法」が制定されると、インド国内で強い反発の声が上がった。同年四月一三日には、パンジャーブ州アムリトサルで、同法への抗議やスワデーシー（国産品愛用を求める運動）を掲げて集まった市民に対して軍が突然無差別に発砲し、一〇〇〇人以上が死亡する事件が発生した（現場となった広場の名称から「ジャリアンワーラー・バーグ虐殺事件」と呼ばれることが多い。なお、死者数をめぐっては、英国側とインド側で見解に開きがある）。

　こうしたなか、ボースは英国から帰国してガンディー率いるインド国民会議派に参画し、インドの即時独立を要求する若手のホープとして頭角を現していった。植民地政府による逮捕や投獄も経験したが、一九三〇年にカルカッタ市長に選出されたのにつづき、三八年には国民会議派議長に就いた。翌三九年にも議長に選出されたが、このころから「非暴力」を掲げるガンディーら主流派との対立が先鋭化し、任期途中で退任を余儀なくされた。ガンディーと袂《たもと》を分かったボースは「フォワード・ブロック（前進同盟）」という党内組織を結成するが、独立は武力闘争によって勝ち取るべきだと考え、そのためにインド国外で反英勢力と手を結ぶ方策を模索するようになる。三九年九月にはドイツがポーランドを侵攻、翌四〇年には英国上陸も現実味を帯びていた。英国の不安定化という絶好の好機をボースが見逃すわけはなかった。

一九四一年一月、ボースはカルカッタの自宅を秘密裏に脱出――このとき彼は自宅軟禁下にあった――して北インドを横断、アフガニスタンに到着した。社会主義思想にも共鳴していた彼は当初ソ連に行くことを希望しており、カーブルの大使館に接触を試みたが色よい返事は得られず、結局イタリア大使の斡旋《あっせん》を受けてドイツに行くことになった。ボースは「敵の敵は味方」という考えの持ち主であり、次善の策ではあったがドイツは有望な協力相手に映った。中央アジアを経由して、ベルリンに到着したのは四一年四月二日だった。日本の対米英宣戦布告はそれから八か月後のことである。

日本に目を向けるチャンドラ・ボース

インド独立運動への協力を取り付けようとベルリンに渡ったボースだったが、彼にとってドイツ政府の対応は満足のいくものではなかった。一九四一年四月末に外相ヨアヒム・フォン・リッベントロップがボースとの会見に応じた。具体的な支援としても、北アフリカ戦線で投降した英印軍のインド兵捕虜をもとに編制された「インド旅団」の立ち上げやラジオ放送「自由インド・ラジオ」の設置が行われた。ボース自身にもベルリン市内に邸宅が提供された。しかし、ベルリン到着直後に提示した「ドイツ政府への秘密覚書」という文書で要請した「自由インド政府」の設置や同政府と枢軸三か国の協力条約締結、インド国内の運動への支援といった要求はあまりに過大すぎ、ドイツ側に容れられることはなかった。

ドイツの煮え切らない対応の背景には、総統アドルフ・ヒトラーの意向があった。ボースは「敵の敵は味方」という考えにもとづいて英国と戦うドイツに期待を寄せたが、当のヒトラーは英国との和平を考えていた。一九四一年六月二二日にはドイツがバルバロッサ作戦によりソ連を攻撃する。後顧の憂いをなくすためにも、英国との戦争継続は得策ではないという判断があったのである。ヒトラーがボースとの会見に応じたのは、ベルリン到着から一年以上経った四二年五月下旬のことだった。しかし、かねてより求めていた日独伊三国によるインド独立支持宣言の発出はできないとヒトラーが長広舌をふるうなど、ボースにとってこの会見は「落胆でしかなかった」（Jan Kuhlmann, *Netaji in Europe*）。

こうしたなか日本が英米と開戦したことで、ボースの関心も当然ながら東アジアに向かった。一九四二年二月一九日に行った「自由インド・ラジオ」の初放送では、その四日前の日本軍によるシンガポール占領を「大英帝国の崩壊、不法な政府の終焉、インドの歴史における新たな時代の夜明けを意味するものだ」と高く評価し、日本の名前を具体的に挙げこそしていないが「今日、英国帝国主義の敵になる者はインドにとって必然的な連帯相手だ」と述べて期待感を示している。遠く離れたドイツで活動するよりもインドに近いアジアを拠点にしたいと考えたボースは、四二年五月二二日にリッベントロップに宛てた書簡で、過去一年あまりのドイツ政府の支援に謝意を表明しつつも、「わたしが東方にいることがどうしても必要なのです。向こうにいることができてはじめて、適切なアプローチで革命を導くことができるのです」と訴えている（Subhas Chandra Bose, *Azad Hind*）。

ボースがすぐにでもドイツを出てアジアに行きたいと考えた背景には、インド国内の情勢も影響していた。日本の対米英戦開始を受けて、インドでは反英の気運が急速に高まりを見せていたからだ。一九三九年九月に英国はドイツの侵攻に立ち向かうに当たり、英領インドも自動的に参戦させた。しかし、インド側では国民会議派を中心に、英国に対する強い疑念があった。第一次世界大戦の際もインドは戦争協力を求められたが、その引き替えとしての自治の約束は反故《ほご》にされてしまっていたからだ。英国は四二年三月にリチャード・スタッフォード・クリップス卿を団長とする交渉団、通称「クリップス・ミッション」をインドに派遣して事態の鎮静化を図ろうとしたが、ガンディーらの理解は得られず、不調に終わった。

インド国民会議派は同年八月に「英国はインドから出て行け（クイット・インディア）」という運動を開始するが、英領インド政府はガンディーら指導者を拘束するなど強硬な姿勢で抑え込みにかかった。ボースはこうした事態の展開に対し、「自由インド・ラジオ」でガンディーらへの支持を表明したものの、ドイツにいてはそれ以上の具体的な行動をとることはままならなかった。

ボースは一九四一年のベルリン到着後、現地の日本大使館にも接触していた。在独武官の山本《やまもと》敏《はやし》大佐——のちに陸軍とインド国民軍の連携を担う「光《ひかり》機関」の責任者となる人物だ——との面会では、インド脱出からアフガニスタンを経てドイツにいたった経緯を詳しく説明した。さらに日英開戦後には駐独大使の大島《おおしま》浩《ひろし》中将と会見し、こう語ったという。

「私は、インド脱出の際、もし日本が英国と戦争をはじめていたら、万難を排して日本行を強行していたであろう。（中略）今や日本が私の戦う好適の場所を東亜で開いてくれた。この千載一遇の時機に欧州に留まっていることは不本意の至りである。私は一兵卒としてでも英国人と直接戦いたい。私の切望がかなうよう日本政府へ取りついで貰いたい」（防衛庁防衛研修所戦史室『戦史叢書　ビルマ攻略作戦』p.274）

このボースの要請を大島は大本営に報告したが、本国の反応は鈍かった。ベルリンと東京間で協議が何度か繰り返された結果、ボースの来日が許可されたのは翌四二年八月ごろだった（『戦史叢書　ビルマ攻略作戦』pp.274-275）。その後もボースが直ちにドイツを出発できたわけではなく、四三年二月になってようやくドイツ海軍のUボートで出航することができた。マダガスカル沖合で日本海軍の潜水艦に乗り換え、さらに日本軍の航空機に乗り換えて東京に到着するのは同年五月一六日のことである。

当初日本に有利に動いていた戦局は、ミッドウェー海戦（四二年六月）、ガダルカナル島の戦いとソロモン海戦（いずれも同八月開始）を経て厳しい状況になっていた。
ボースが支援を求めて駐独日本大使館にアプローチしていたころ、日本軍は短期間でビルマ平定を完了していた。その余勢を駆ってさらに西、つまりインドに進攻する作戦の検討も四二年夏に始まっていた。

急進的な主張ゆえにインド国民会議派では非主流派に追いやられはしたが、ボースはベンガル地方を中心に熱狂的な支持を集める指導者だ。英国支配の打破を掲げるボースとの連携は、日本軍にとって重要な大義になり得たはずである。にもかかわらず、ボース招請にこれほどの時間を要したのはなぜか。次章では、日本軍が検討した幻のインド進攻計画「二一号作戦」をめぐる動きを取り上げ、併せてインドに対する日本軍の認識がどうだったかについても考えてみよう。

第二章　失われた機会
――幻の「一九四二年インド北東部進攻作戦」

ビルマ・マンダレーの日本軍

緒戦の快進撃に意を強くした日本軍は、休む間もなくビルマのさらに西に目を向けた。インドに進攻する作戦に着手したのである。「二一号作戦」と名付けられたこの計画では、ビルマから国境を越えてインド北東部に進入し、英印軍を撃破してインパールをはじめとする主要拠点の制圧を目指すとされた。つまり、一九四四年のインパール作戦の原型となる内容が、四二年夏の時点ですでに検討されていたわけだ。

しかし、この作戦が実行に移されることはなかった。実はこのとき、英印軍はビルマ失陥の痛手から立ち直っておらず、敵に攻め込まれたらひとたまりもないと、戦々恐々の状態だった。日本軍からすれば、支配地域を広げ、英国を屈服に追い込める可能性があったのである。にもかかわらず、作戦実施がためらわれたのはなぜか。作戦を実施したくてもできない要因があったとすれば、それは何か。後にインパール作戦を強硬に主導した牟田口廉也すらこのときは実施困難との見方を示していたほどだったが、そもそも二一号作戦を発案し、推進したのは誰だったのか。そして何よりも、この機会を見送ったことは後の戦況にどのような影響を及ぼしたのだろうか。本章では、日英双方の資料をもとに、こうした疑問を解き明かしていく。

戦争終結構想のカギとしての「英国屈服」

インド進攻作戦の前に、首尾《しゅび》良く南方作戦を終えた日本軍が一九四二年前半の時点で今後の戦争の進め方についてどう考えていたかを見ていこう。言い換えれば、真珠湾攻撃とマレー半島上陸によって始めた「大東亜戦争」を、自国にとって納得のいく形で終局に導くべく、どのような見通しを立てていたかということでもある。

前章で見たとおり、二月には日本軍がシンガポールを陥落させ、三月八日にはビルマ戦線でもラングーン入城を果たしていた。蘭印（現在のインドネシア）では、三月五日にバタビア（現ジャカルタ）を占領し、その四日後にオランダ軍が降伏。米軍フィリピン司令官を務めていたダグラス・マッカーサーがフィリピンから脱出したのも同月中旬である。

こうした最中、大本営政府連絡会議では、「今後採るべき戦争指導の大綱」（以下「戦争指導大綱」）という文書が決定されている。戦争指導大綱は戦争中に四回採択されたが、その初回が一九四二年三月七日だった。軍部による戦争の見通しを示した重要文書で、東《とう》條英機《じょうひでき》首相、杉山元《すぎやまはじめ》陸軍参謀総長、永野《ながの》修身《おさみ》海軍軍令部総長から天皇にも上奏されている（二回目以降は御前会議で報告された〈立川京一「戦争指導方針決定の構造」〉）。

戦争指導大綱は、第一項で「英を屈服し米の戦意を喪失せしむる為引続き既得の戦果を拡充して長期不敗の政戦態勢を整えつつ機を見て積極的の方策を講ず」としている。大本営政府連絡会議が開戦前の四一年一一月一五日に決定した「対米英蘭蔣戦争終末促進に関する腹案」（以下「腹案」）でも、「速《すみやか》に極東に於《お》ける米英蘭の根拠を覆滅《ふくめつ》して自存自衛を確立すると共に（中略）独伊と提携して先《ま》ず英の屈服を図り米の継戦意志を喪失せしむるに勉む」とされていた。

米国に軍事的に勝つことはできない。そこで英国を先に屈服させ、それによって米国に厭戦ムードをもたらし、講和のテーブルに着かせるよう導いていく。しかし、日本が独力で英国に勝利できるかというと、それも難しい。独伊、とくにドイツと有効な形で連携することで展望が開ける――「戦争指導大綱」にしても「腹案」にしても、日本側の考え方はこういうことだった。日本は戦争を始めはしたが、単独で終結に持ち込む力はない。枢軸国の連携と連合国の分断。この両方を実現させるというのは、後世から見れば相当にハードルの高い条件だが、日本軍が快進撃を続けていた当時の状況下では、容易とは言わないまでも、必ずしも不可能ではないという認識だったのだろう。

となると、問題はどうやって英国を屈服させるかということになる。ドイツ空軍は一九四〇年七月から一〇月にかけて行われた史上最大の航空戦、「バトル・オブ・ブリテン」を制することができず、同国軍は英国上陸作戦の断念を余儀なくされていた。もちろん、日本軍が遠く離れた英国本土を攻撃することなど論外だった。そこで考えられたのが、英国とインドおよびオーストラリアの連絡・通商を遮断し、大英帝国に打撃を与えるという案である。すでに一九四二年一月末の時点で、陸軍省の課長会報で「今後の戦争指導」として「濠印に対する作戦は至急これを断行する必要がある」と指摘されている（波多野澄雄『太平洋戦争とアジア外交』p.29）。

　このうち、オーストラリアについては米国との連絡を遮断するべく、海軍が「ＦＳ作戦」を計画した。Ｆはフィジー、Ｓはサモアである。ニューカレドニアも作戦対象地域に含まれた。「英豪」の遮断ではなかったが、オーストラリアの孤立化がねらいだった。しかし、一九四二年六月のミッドウェー海戦敗北の影響もあり、ＦＳ作戦は中止されてしまう。これに対し、インドのほうは作戦対象として残り続けた。

すれ違う枢軸国の戦略

日独伊の枢軸国は、一九四二年一月一八日に「軍事協定」を締結していた。この協定は三国の作戦範囲を定めたもので、英領インド西部にあたる東経七〇度を境に西側を独伊が、東側を日本が担当することとなった（『戦史叢書　ビルマ攻略作戦』pp.262-263）。

範囲の分担こそ決まったものの、独伊が動いてくれたわけではなかった。そもそも両国にとって重視するのは中近東までがせいぜいで、インドあるいはインド洋への進出となると優先度は低かった。ドイツの場合、もっとも重要だったのはやはり前年六月以来つづいていた独ソ戦で、一九四二年六月末には、その一環としてコーカサスの油田をねらったブラウ作戦を発動した。緒戦は順調に推移したことで、日本側の参謀本部にはドイツ軍がコーカサスを占領し、次いでスエズ攻略、四三年春にはいよいよインド方面に出る西アジア作戦かという見通しがあったとされる（波多野『太平洋戦争とアジア外交』pp.30-31）。

しかし、その後コーカサスではソ連軍が反撃に転じたことで、ドイツ軍の進撃は阻まれた。四二年八月下旬からはスターリングラードの戦いが始まるが、ここでもソ連軍が同市を死守したことはよく知られているとおりだ。独伊による北アフリカ戦線も一進一退の状態がつづき、中近東やペルシャは遠かった。

ドイツが日本に期待していたのはインド洋での共同作戦ではなく、ソ連攻撃だった。日独が東西から挟み撃ちにすれば、ソ連の戦力は分散することになり、独ソ戦を有利に運べるというねらいがあった。この考えのもと、一九四二年七月上旬にリッベントロップ外相から大島浩駐独大使に対し、日本軍にはまずウラジオストックを攻撃し、その後はバイカル湖まで進攻してほしいという要請が行われたという（Milan Hauner, *India in Axis Strategy*, pp.503-504）。これは、二〇年前のシベリア出兵で日本軍が一時期バイカル湖西部のイルクーツクまで支配地を広げたことが念頭にあってのことかもしれない。

しかし、今度は日本側が二の足を踏む番だった。日本は一九四一年四月、ソ連とのあいだに中立条約を締結していたからだ。対ソ戦開始によって一九三九年に締結した独ソ不可侵条約を二年足らずで事実上破棄したドイツからすれば、中立条約の存在が足かせになるとは捉えていなかったかもしれない。日本側にしても、日ソ条約を締結することで日独伊三国同盟に加えてソ連を枢軸国側に引き込むという松岡洋右《まつおかようすけ》外相の構想が、独ソ戦開始によってその基盤を失ったということはあった。とはいえ、日本は長期化する中国との戦争に加え、一九四一年末以降は対米英戦争に突入していただけに、さらにソ連を攻撃するというのは戦力的に能力を超えた話だった。結局、日本は七月二五日の大本営政府連絡会議で「極力対『ソ』戦争の惹起を防止す」として、ドイツの要請を拒否することを決定した（参謀本部編『杉山メモ（下）』p.137）。

日本は外交面でもインド政策で日独共同歩調を実現しようと動いた。それが具体的な形で現れたのが、外務省が立案したインドおよびアラビアに関する「日独伊三国共同宣言案」である。インド人とアラビア人が立ち上がって自由獲得に邁進《まいしん》するのなら、日独伊三国は惜しまず可能な援助を提供する――こうした呼びかけが案文には盛り込まれていた。この内容からわかるとおり、この宣言案はドイツ政府の行動を求めるものではなく、インド政策に対するコミットメントを引き出すというねらいがあったと見られる。しかし、ドイツは難色を示した。イタリアは賛同し、ドイツ政府内でもリッベントロップ外相が実現に向けて奔走したが、ヒトラーが英国を刺激することになるのではと懸念し、首を縦に振らなかった（波多野『太平洋戦争とアジア外交』pp.41-43）。

インド洋でドイツと協力したい日本と、対ソ戦で日本と協力したいドイツ――軍レベルと外交レベルの協議は、図らずも両国の認識の「ずれ」を浮き彫りにすることとなった。枢軸国側にとって戦局が比較的有利に展開していた一九四二年夏ですらこうだったのだから、その後日独伊をめぐる戦況が厳しくなっていくなかでは、認識が一致することなど望むべくもなかった。

こうした事態の推移のなかで、英国を屈服させたい日本軍は自力で道を拓くしかないことを悟るようになる。最初に作戦行動を起こしたのは、海軍だった。

C作戦——セイロン島攻撃

対米英戦開始の時点では、海軍の関心は専《もっぱ》ら太平洋方面に向けられていた。しかし、緒戦の成功もあってか、インド洋の要衝・セイロン島（現在のスリランカ）を攻略する計画が浮上する。連合艦隊参謀長の宇垣纏《うがきまとめ》少将は一九四一年一二月三〇日付の日記で、「将来保有すべき軍事要点」のひとつとしてセイロン島の名を挙げている。この構想はベンガル湾方面の英国艦隊攻撃を含むインド洋作戦計画となり、翌四二年二月二〇日には戦艦「大和」で図上演習が行われるまでになった（『戦史叢書　ビルマ攻略作戦』pp.264-266）。「長期不敗」の態勢を固めたい考えだった陸軍が消極的だったのに対し、海軍はさらなる攻勢に出て、英印連絡線を遮断することで英国を圧迫しようとしていたのである。早い段階でインド洋から英国艦隊を駆逐しておき、太平洋方面で米国との決戦に備えたいというねらいもあった。

　結果的には、このセイロン島攻略作戦は三月上旬に海軍軍令部からストップがかかってしまう。陸軍側から同意できないという回答があったためだった。しかし、これとは別に通称「C作戦」と呼ばれたインド洋機動作戦が海軍で計画された。「海軍機動部隊を中核とする聯合《れんごう》艦隊の主力をインド洋方面に回航して機会があれば英艦隊を撃破しようとする」というのが作戦内容だった（『戦史叢書　ビルマ攻略作戦』p.267）。島の占領とまではいかないが、セイロンのほかインドの東海岸部を戦域としたもので、先述の作戦をダウンサイズしたものと言える。実施されたのはこちらのほうだった。

作戦は三月下旬から四月中旬にかけて行われた。参加したのは、「赤城《あかぎ》」「蒼龍《そうりゅう》」など空母六隻をはじめとする連合艦隊の主力だった。南雲忠一《なぐもちゅういち》司令長官率いる第一航空艦隊が四月五日にセイロンの首都コロンボを、同月九日には島東岸のトリンコマリーを空襲した。さらに、マレー西岸から出撃した馬来部隊がベンガル湾に進出し、商船攻撃による通商破壊作戦、それにインド東部のヴィシャカパトナムで空襲を敢行した。ここでも作戦は終始順調に進み、空母ハーミス撃沈および航空機九八機撃墜、港湾施設の破壊など英海軍に甚大な損害を与えた。味方の損害は最小限にとどまった。

インド洋東部には、もうひとつの重要拠点として英領アンダマン・ニコバル諸島があったが、ここもすでに一九四二年三月下旬に海軍を主体とする部隊によって制圧されていた。英国の東洋艦隊はセイロン島の占領こそ免れたものの、その主力はアフリカ東海岸まで後退したため、インド洋東部の制海権は日本が握ることになったのである。「今われわれはアフリカの海岸を除いて、しばらくの間完全にインド洋を放棄したのである」――チャーチルはのちにそう記している（チャーチル『第二次大戦回顧録　第13』）。

ただ、『戦史叢書』が「南方作戦の華々しい戦局もこのごろが峠であった」と記しているとおり（『戦史叢書　ビルマ攻略作戦』p.284）、ここから先は戦況は厳しい方向に傾いていく。二か月後の六月上旬にはミッドウェー海戦で手痛い敗北を喫し、八月上旬にはガダルカナルで米海兵隊を主力とする連合軍が上陸を開始する。太平洋方面で守勢を強いられていく日本海軍がインド洋で積極的な作戦を展開することは、これが最後だった。

インド北東部進攻をめぐる陸軍の検討

一方、陸軍ではどうだったか。ビルマ平定作戦が五月末で終わり、時を同じくしてモンスーンによる雨季が到来したことで印緬国境地域は事実上の休戦となった。こうした状況のもとで、参謀本部と南方軍には「その先」を考える余裕ができた。そこでにわかに浮上したのが雨季明けの「インド北東部進攻案」である。一九四四年に行われるインパール作戦はとかく牟田口廉也第一五軍司令官の「独断」や「暴走」が指摘されることが多いが、その原型と言える「二一号作戦」は、陸軍中枢で前向きに検討された案だった。以下、その経緯を見て行くことにしよう。

一九四二年七月二〇日、参謀本部は参謀次長の名前で南方軍に電報を送り、次の三点について研究の上、八月末までに回答するよう指示した（『戦史叢書　大本営陸軍部（四）』p.477）。

（一）航空消耗戦防止対策
（二）対インド航空作戦要領
（三）中国、インド間航空連絡遮断方策

連合軍はいずれ反攻に出る、その際には航空面から始まるだろう——この三項目には、陸軍のそんな見通しが鮮明に表れている。

加えて、（三）は「援蔣ルート」の遮断が依然として重要なポイントとして残っていたことを示すものだ。ビルマの大部分を平定したことで、日本軍はラングーンから北上する陸上ルート、さらにはインドからビルマ北部ミートキーナ（ミッチーナー）を経由して重慶へという航空ルートのいずれも遮断することに成功していた。これに対抗する形で、連合軍はインド北東部のチンスキヤから重慶まで航空機で物資を運ぶルートを新設していたが、「The《ザ》 Hump《ハンプ》」――ラクダなどの背中の「こぶ」という意味だ――と呼ばれたほどに峻険で気象条件の厳しいヒマラヤ山脈東部を越えるというリスクの高い飛行を余儀なくされていた。

　さらに連合軍はインドのレドを起点とし、のちに在華米軍司令官の名前をとって「スティルウェル・ロード」と呼ばれる代替陸上ルートの建設にも着手するが、一九四二年夏の時点ではまだ具体的な作業は始まっていなかった。したがって、インド北東部の航空拠点を壊滅させれば「援蔣ルート」を完全に遮断し、長期化する日中戦争で新たな局面を切り拓くことができると考えられたのである。

　参謀本部の指示に対し、南方軍総司令部は「インド東北部に対する防衛地域拡張に関する意見」をとりまとめ、八月一一日に軍作戦主任参謀の林《はやし》璋《あきら》中佐が上京して説明を行った。そこで示された作戦計画案では、「カルカッタ方面に対し航空撃滅戦を実施すると共に此の間地上部隊を以て東部アッサム州及チタゴン方面を奇襲攻略して航空基地を推進し且援蔣航空路を遮断」するとの方針が立てられた。作戦時機は一〇月上旬・中旬、兵力は第一八師団および第三三師団の一部を基幹とする部隊で、航空進攻作戦については「南方軍現有航空兵力の大部を使用」するとした（『戦史叢書　ビルマ攻略作戦』p.549）。

一言で言うと、相当に大胆な作戦案である。まず、作戦範囲の広さだ。北部方面では、チンドウィン河を渡河してインパールへ進攻するだけでなく、ブラマプトラ河に面し、アッサム州最大の都市グワハティにも迫るシルグハートまで進出するとしている。一方の南部方面では、アキャブ（現シットウェ）から印緬国境を越えて海岸沿いに北西に進んでチッタゴン――現在のバングラデシュで第二の都市だ――に出て、さらにその先のゾラワルガンまでの地域を確保するということになっていた。アッサムの担当は第一八師団、チッタゴンの担当は第三三師団だった。一九四四年のインパール作戦ではインパール・コヒマ方面に三個師団、牽制作戦と位置づけられた第二次アキャブ作戦に一個師団が投入されたが、それよりもはるかに少ない兵力でやるというのである。

「この計画を日本内地にあてはめてみると、一コ師団で名古屋（カレワ）を出発してまず京都（インパール）を攻略し、引き続き鳥取（シルグハート）（中略）を占領して同地を確保するということになる。なお、ベンガル湾方面のアキャブからゾラワルガンまでの距離は仙台、青森間に相当する」

これは『戦史叢書　ビルマ攻略作戦』に記された、作戦ルートを日本の地理に当てはめて説明したものだが（p.552）、いかに長大な距離を限られた部隊で進攻しようとしていたかがイメージできるのではないだろうか。ましてや、行軍する地域に平地は少なく、三〇〇〇メートル級の山系あり、密林の間を流れる河川あり、切り立った崖あり、といった自然条件なのだ。

加えて、航空面では第三航空軍がカルカッタ方面で英印軍基地を攻撃した上で、チッタゴン付近に自軍の基地を設置し、インド北東部の敵軍航空勢力を一掃するとされていた。

南方軍の作戦計画案提示を受けて、参謀本部は八月二二日、インド北東部進攻に関する「二一号作戦」を準備するよう指示を出した。そこでは兵力を「第一五軍の約半部」と増強したほか、作戦発起時期も「本年十月中旬頃以降」と若干ではあるが後ろにずらされるといった修正があったが、作戦目的は南方軍案とほぼ同じ形が採用された。

ただ、参謀本部でも南方軍案には不安があったようで、翌二三日に参謀本部第二課長（作戦課長）名で懸念を伝達している。このとき作戦課長だった服部《はっとり》卓四《たくし》郎《ろう》大佐は、南方軍の林参謀から作戦計画案について説明を受けるも十分に納得できず、それを文書の形で南方軍に示したのだった。「本作戦に関し先ず顧慮せざるべからざるもの」として、連合軍と持久戦になった場合の対応、独ソ戦と北アフリカ方面の作戦という枢軸国の状況や一九四三年の実施を検討していた重慶攻略作戦といった要素が挙げられているが、なかでも大きなウェートを占めていたのはインドの国内情勢、とりわけ民衆の動向で、次のように指摘している。

「『インド』民衆は元来反『ナチ』、反『ファッシズム』にして民主的傾向強く日本を侵略国視しあり（中略）我が『インド』進攻は現下の反英騒擾《そうじょう》を急速に英印妥協に走らしめ日本軍との間に民族戦的事態を醸成するの危険も亦《また》なしとせず（中略）此問題解決の確算なくして作戦を開始するは一大冒険と云《い》わざるべからず」（『戦史叢書　ビルマ攻略作戦』p.557）

つまり、インドに進攻した場合に現地の民衆がどう反応するかを気にかけているのである。参謀本部で情報を担当する第二部も、九月五日に「東部『インド』進攻作戦に関する判断並に考案」という意見書を作成し、作戦担当の第一部に示していた。第二部は、日本軍が東部インドに進入すれば「英印は妥協の傾向を辿る」と見ていた。ここでも「英印妥協」が懸念されているが、これは一体何を意味するのか。

戦争協力をめぐるインド国内の状況

ここで、当時のインド国内の状況について見ておこう。一九三九年のドイツによるポーランド侵攻を受けて英国が対独宣戦を布告したのに合わせて、英国統治下のインドでも総督リンリスゴーが一方的に参戦を決めた（インドはイギリスの植民地ではあったが、形式上は「インド帝国」という「国」だった）。しかし、インド国内の政治勢力、とりわけ独立運動を主導するインド国民会議派は戦時対英協力には慎重だった。

というのも、第一次世界大戦の際、英国は戦後の自治付与を約束することで——ガンディーはこれに応じて国民にインド軍への志願を呼びかけた——インドから協力を取り付けたが、実際に実施された改革はきわめて限定的で、完全な自治とはほど遠いものでしかなかったという苦い経験があったからだ。このときインドは一八〇万近い兵士を欧州や中東、アフリカ戦線に派遣し、少なくとも約七万四〇〇〇人が戦死するという多大な犠牲を払うことになった。第一次大戦の二の舞はしたくない——国民会議派の指導者がそう考えるのも無理はなかった。

さらに、「大西洋憲章」の扱いをめぐってもインドの世論は紛糾した。この憲章は英国のチャーチル首相と米国のローズヴェルト大統領によって一九四一年八月に発出され、第二次大戦後の世界の原則について提唱したもので、「すべての人民がそのもとで生活する政体を選択する権利」の尊重や「主権および自治を強奪された者にそれらが回復されること」の希望が掲げられていた。ところがチャーチルは、憲章の内容はインドやビルマをはじめ英国の植民地には適用されないという冷淡な姿勢を示した。戦争に協力しても独立はおろか自治すら期待できないのではないかと、インド国内では反発する声が上がった。

マレー半島、香港、シンガポール、ビルマとアジアの植民地が次々と日本の手に落ちるなか、英国としてはインドを死守すべく、何としてでも国内の態勢を固めておく必要があった。国民会議派から協力を取り付けることができなければ、反英活動のさらなる激化を招くだけでなく、英印軍内のインド人兵士にも動揺が走りかねない。迫り来る日本軍の脅威と国内の不安定化という状況に、それまでガンディーらの自治要求に冷淡だったチャーチル首相も重い腰を上げた。しかし、前章で見たとおり、まさに「英印妥協」を実現すべく派遣された交渉団「クリップス・ミッション」は失敗に終わり、一九四二年八月八日には国民会議派が「クイット・インディア（英国はインドから出て行け）」を決議するなど、対立は先鋭化していた。

国民会議派が反英となり戦争協力を拒むという事態が現実のものとなれば、その影響は英国だけでなく連合国陣営にも及ぶことになる。

とりわけインド情勢に敏感だったのが、中国の重慶政府だった。蔣介石は一九四二年二月に自らインドを訪問し、国民会議派の指導者ジャワーハルラール・ネルーと三度にわたり行った会談でこう説得を試みた。「世界大戦の機会に乗じて積極的に参戦し、同盟国と密接な関係をもち、世界の同情を獲得すべき」であり、自分の言う「協力」とは「イギリスに対するものではなく、民主陣営と協力することである」、と（楊天石「蔣介石とインド独立運動」）。

三九年八月、蔣は重慶を訪問したネルーと長時間にわたって意見を交わし、個人的な信頼関係を築いていた。そのとき以来のつながりや被抑圧民族としての連帯感もあったが、それ以上に補給路確保やアジアの戦局といった観点から、インドには何としてでも連合国に留まってもらわなければならなかったのだ。

蔣は駐英大使経由でチャーチルにインド政策の転換を進言したほか、米国のフランクリン・ローズヴェルト大統領にも英印間の調停を要請した。こうした試みの成果は限定的だったが、蔣の動きからは、日中戦争の最中にもかかわらず――だからこそと言うべきかもしれない――彼がインド情勢に深くコミットしていたことを示している。

拮抗する積極論と慎重論

連合国側に留まるか、中立の立場をとるのか、それとも枢軸国側に接近するのか――インドの動向は、英国を屈服させることで戦争を終結に導きたい日本にとっても、重大な関心事になっていた。

政略面を重視する立場からインド北東部進攻作戦に積極的だったのが、岩畔《いわくろ》豪雄《ひでお》大佐である。岩畔は開戦前の日米交渉にも関わるなど陸軍きっての俊才と目される存在で、このときはシンガポールやビルマでインド工作を担当する「岩畔機関」――後述する「F機関」の後継組織――の長を務めていた。

「軍事機密」のスタンプが押された「対印作戦に関する意見」という一九四二年九月一五日付の文書（防衛省防衛研究所所蔵）で、岩畔はこう指摘している。

「対印地上作戦を決行することは対印施策上極めて有利にして之《こ》れ無くして英国の勢力を完全に印度より駆《く》逐《ちく》することは恐らく不可能なるべきを以《もっ》て全般の戦争指導上之れを許すならば其《その》決行を希望する」

同時に岩畔は「作戦の規模、時期等は対印施策及印度内部の政治情勢に適応すること絶対に必要なり」とも付け加えており、インド国内情勢の見きわめが必要であることを強調することも忘れていなかった。

積極論を唱える声は南方軍にもあった。なかでも八月に上京して南方軍の回答の説明に当たった参謀の林璋中佐はその急先鋒だった。林は戦後「この勢い〔ビルマ平定作戦〕をもって東部アッサム州に進攻すれば、たとえ一〇コ師団内外の敵がいても大きな抵抗はできないであろうと考えた」と振り返っている。また、南方軍総参謀長の黒田《くろだ》重徳《しげのり》中将も、「当時インド側には、日本側の進攻に抵抗する戦力はなかったと思う。したがって、あの時インドに進攻すれば必ず成功する。わけはないと思っていた」とし、ビルマ平定後も「引き続き攻勢をとり、インパールぐらいを押えておけばよかったのだ」と述懐している。

第三航空軍司令官の菅原道大《すがわらみちおお》中将や第五飛行師団長の小畑英良《おばたひでよし》中将も二一号作戦に同意していたという（『戦史叢書　ビルマ攻略作戦』pp.552-554）。

これに対し、いざ作戦発起となれば最前線で当事者となる現場では慎重論が大勢を占めていた。なかでも、ビルマ攻略の中心人物、第一五軍司令官の飯田祥二郎中将は作戦に「慎重」と言うより「反対」だった。平定したばかりのビルマの防衛を優先すべきだとの考えの飯田は、七月中旬にメイミョーの戦闘司令所からラングーンに戻り、軍政に専念しようとしていた。その飯田は、二一号作戦について地形や道路建設の困難さ、補給の問題を指摘した上で、こう結論づけていた。

「どう考えても、この作戦は日本軍にとって非常な不利益であるばかりでなく、どうかすると、この作戦がやがてインド正面に対する作戦破綻の第一歩になり、これまでビルマ作戦で獲得した有力な地位も、消えうせる結果になりはせぬかと思われた」

（「飯田祥二郎回想録」）

これは戦後に語ったもので、インパール作戦の失敗を踏まえた上での回想とも言えるが、それでもインド・ビルマ（印緬）国境の地理的制約や一九四二年夏時点の情勢を厳しく受け止めていたことがよく示されている。

飯田は二一号作戦に対する意見を直接聞こうと、九月初旬に自ら第一八師団と第三三師団に足を運んだ。当時第一八師団を率いていたのは牟田口廉也中将だった。一年半後に第一五軍司令官としてインパール作戦を主導する牟田口だが、このときは「一挙に東部インドまで突進しようとするこの案は、後方整備の関係特に兵站道路の構築、補給体系の確立準備などの諸点からみて、あまりにも時間的余裕がなく、実現の見こみはない」と否定的な見方だった。第三三師団長の櫻井省三《さくらいしょうぞう》中将も同意見だった。飯田は一〇月上旬に東京で開かれた軍政監会議に参謀長の諫山春樹《いさやまはるき》少将を派遣し、第一五軍として二一号作戦への反対論を展開させもした。

限られていた陸軍のインド情報

インド進攻やインド国内情勢をめぐり陸軍内で見解が分かれていた背景には、根本的な問題があった。検討を行う際に基盤となる情報が十分になかったのである。参謀本部の服部卓四郎作戦課長が、前述した文書でインド進攻作戦について「兵要地理特に地形等の偵察検討は未《いま》だ十分と云《い》い難く今後の準備に俟《ま》つべきもの多きに於《おい》て然《しか》りとす」と現地の情報不足に警鐘を鳴らしていたのはその表れと言えるだろう。

陸軍では、仮想敵と位置づけられたソ連や満洲事変以来軍事的に対峙してきた中国に関する情報については長年の蓄積があったが、南方ですら関心は薄かった。さらに西のインドとなると、知識や情報はきわめて限られていたのである。開戦時に参謀総長を務めていた杉山元のように駐印武官の経験のある陸軍軍人はいたが、彼らのインド認識が軍としての情勢判断で重要な影響をもたらした形跡はほとんど見られない。開戦までインドに陸軍武官として駐在していた一田次郎大佐が進攻積極論を唱えていたのが確認できる程度だ。一田は、一九四二年一二月に『東京新聞』が企画した在外武官経験者による座談会に出席し、当時のインド国内情勢について「日本軍がも少し進出したら独立出来るかも知れないと云う気分があるのじゃないかと思う」と発言している（一九四二年一二月五日付『東京新聞』「決戦第二年に備えよ　泰国の趨勢と印度問題」）。

陸軍関係者は日本在住のインド人活動家との接触も保っていた。代表的なのは「中村屋のボース」の異名で知られる、ラーシュ・ビハーリー・ボースである。

インドで抵抗運動に関わっていたボースはハーディング総督暗殺未遂事件を起こしたほ

か、西部の中心都市ラホールで蜂起を企てたことで、植民地政府から追われる身となったため、一九一五年に秘密裏に出国し、日本に渡った。東京でも当時同盟関係にあった英国からの要請で日本の官憲に追われたが、政治結社「玄洋社《げんようしゃ》」の頭山満《とうやまみつる》らの計らいで新宿中村屋を経営する相馬《そうま》愛蔵《あいぞう》・黒光《こっこう》夫妻宅に匿《かくま》われることになり、難を逃れた。その後ボースは二三年に帰化し、日本で言論活動を中心としてインド独立運動を精力的に展開していった。そのなかでボースは「大亜細亜協会」というアジア主義を掲げる団体と繋がりを持ったが、その会頭は陸軍大将の松井《まつい》石根《いわね》だった（中島岳志『中村屋のボース』p.235）。

　このほか、ボースの懐刀的存在として日本国内や満洲で活動していたA・M・ナイル、インド国民会議派の流れをくみ、二三年に来日して神戸を拠点としていたアーナンド・モーハン・サハーイの回顧録にも、陸軍と接触をしていたことを示す記述がある（Anand Mohan Sahay, *Stirring Times: Memoirs of Anand Mohan Sahay*, p.269）。

　ただ、彼らはインドを離れてから年月が経っていた。開戦時点でボースの滞日期間は二六年に及んでいたし、サハーイにしても最後に一時帰国したのは一九二七年だった。彼らは本国の関係者と手紙を通じたやりとりを続け、在日インド人とのネットワークもあったが、自身で現地の情勢を見ていたわけではなかったのである。また、反英とインドの完全独立を強く訴える彼らは、その裏返しとして、非暴力運動を展開しつつ英国との妥協点を見出そうとしてきたガンディーら国民会議派の主流路線には否定的だった。

藤原岩市の「F機関」

参謀本部がようやくインド工作や情報収集に本腰を入れるようになったのは、対米英戦が現実味を増していった一九四一年夏だった。

陸軍軍人が直接関わったものとしては、藤原岩市《ふじわらいわいち》少佐によるマレー半島でのインド工作がよく知られている。開戦前の四一年九月、参謀本部第二部で謀略を担当する第八課に在籍していた藤原は、タイの首都バンコクに派遣された。「マレイ方面の工作特に印度独立連盟及びマレイ人・支那人らの反英団体との連絡ならびにその運動の支援に関し田村大佐〔バンコク駐在武官の田村浩大佐〕を補佐すべし」というのが杉山参謀総長からの訓令に記された任務だった。

実は藤原は、事前に諜報分野の訓練を受けたわけではなかったし、それまでインドについての知識も持ち合わせていなかった。藤原自身、自著でこう述懐している。

「悲しい事に私は今まで戦況報道や一般宣伝の仕事に関係してきて、工作だの、謀略だのといったような仕事に知識も経験ももっていなかった。更に困ったことは、私は英語も、マレイ語も、印度語もからきし駄目だった」（藤原岩市『藤原機関』p.30）

ある意味で、諜報の経験がない藤原にこの工作を任せたのは、参謀本部第二部が東南アジアのインド人工作にさほど重きを置いていなかったことを示している。当時第二五軍参謀として藤原を監督する立場にあり、その後大本営参謀に転出する杉田《すぎた》一次《いちじ》は戦後の著書で「作戦参謀達は当初からインド工作には期待を寄せていなかった」と記している（杉田一次『情報なき戦争指導』p.216）。上手くいけば儲けもの程度に捉えていたようなのだ。

しかし、結果的にはこの人選は吉、いや大吉と出た。

藤原は田村武官らが開拓したインド人組織「インド独立連盟（ＩＩＬ）」とのコンタクトを引き継ぎ、信頼関係を築くことに成功した。対米英戦開始に際しては、日本軍とＩＩＬとの連絡組織として「Ｆ機関」を立ち上げた。「Ｆ」はフリーダム（Freedom）、フレンドシップ（Friendship）、そしてフジワラ（Fujiwara）に共通する頭文字である。

藤原率いるＦ機関は、マレー半島でプリータム・シンらＩＩＬのメンバーとともに英印軍インド人将兵の切り崩し工作を展開し、多数を投降させることに成功した。当初数百名程度だった投降兵は数千人規模にまで膨れ上がっていた。このなかから、英印軍将校だったモーハン・シン大尉を司令官とする「インド国民軍（ＩＮＡ）」を結成したのである。シンガポール陥落後、二月一七日に現地のファラー・パークでインド人捕虜の接収式が行われたが、その数は何と五万人に達したというから驚きだ（藤原『藤原機関』p.253）。

　ＩＮＡだけでなくＩＩＬも活動を活発化させていった。両組織と日本軍との連絡・連携を担うＦ機関の活動範囲は、拠点とするシンガポールをはじめ、マレー、タイ、ビルマ、スマトラにまで及ぶようになった。

　一介の陸軍少佐で、インドについての経験も知識もない藤原になぜこれほどのことができたのか。彼自身は当時の考えをこう振り返っている。

「英国やオランダの統治は一世紀内外にもわたっているし、巧妙な方策と豊富な物資を駆使して現地人を懐柔《かいじゅう》し縛っている。これに対して無経験なわれわれが、貧弱な陣容と不十分な準備とをもって、その鉄壁を破る方法はただ一つである。彼らの民族的念願を心から尊重し慈愛と誠心をもって臨み、その心を掴むよりほかはないのだ。

至誠天にも通ずるのだ」（藤原『藤原機関』pp.61-62）

自分と日本軍の限界と相手の実力を客観的に認識した上で、フェアかつ対等な姿勢で現地の人びとに臨むことで彼らの信頼を獲得しようとしたのである。そのことは、次の言葉にもよく表れている。

「各民族の信仰や風俗や習慣や生活はあくまで尊重しなければならない。われわれの主観的なものを強要するようなことは厳に慎まなければならない。われわれの運動はこの理想を指標として、私達の誠意と情熱と愛情とを、実践を通じて異民族に感得させ、その共鳴と共感を受けなければならない」（藤原『藤原機関』p.61）

藤原はこの姿勢を実践した。一二月中旬、彼はF機関とモーハン・シン大尉をはじめとする投降インド人将校・下士官との会食を開催した。食事はインド料理で、藤原以下F機関メンバーはみな手づかみでローティー（インドの薄いパン）やカレーを口に運んだ。これが「印度人将校の間に驚くべき深刻な感激を呼んだ」。モーハン・シンいわく、英軍では英人将校がインド人兵士と食事をともにすることはなかったし、将校集会所で時々でもインド料理を出してほしいとの要望も受け容れられたことはなかったからだという（藤原『藤原機関』pp.130-131）。ＩＮＡの第一師団長を務めたシャー・ナワーズ・カーンも、英印軍内には給与から将校集会所の利用まで、英人将校とインド人将校の間に厳然とした待遇の差があったことを指摘している（Shahawaz Khan, *My Memories of I.N.A. and its Netaji*, pp.14-15）。これだけで投降インド人将兵の日本軍への協力が決まったわけではなかったにしても、彼らの警戒心や心理的バリアを取り払うのに大きく貢献したと言えるだろう。

Ｆ機関による活動が思わぬ成果を挙げたことで、参謀本部や南方軍は、インド人工作の重要性に対する認識を改めていった。一九四二年四月、Ｆ機関は藤原の手を離れ、前出の岩畔豪雄大佐に受け継がれ、人員や予算も急拡大された。名称も「岩畔機関」に改められた。ほぼ時を同じくして、ＩＮＡおよびＩＩＬの幹部らが東京に招請され、東アジアのインド人を結集して祖国の独立達成について話し合うための会議が山王ホテルで開かれた。議長はラーシュ・ビハーリー・ボースが務めた――もちろん参謀本部の了解のもとで、である。

ただ、規模の拡大に伴って、Ｆ機関の頃にあったような個人間の信頼にもとづく協力から、日本軍とＩＮＡ・ＩＩＬという組織対組織の連携という形に関係の性質が変わっていった。これがその後の両者の間に軋轢《あつれき》をもたらす一因になる。

日印協会の調査活動

藤原が南方に派遣されたのと同じ時期、参謀本部は民間に対してもインド情報の報告を要請していた。まず白羽の矢が立てられたのは、日印協会だった。日印協会は一九〇三年に創設された日本とインドの友好関係推進に取り組む民間団体だ。立ち上げの中心になったのは、長岡護美《ながおかもりよし》（肥後熊本藩第一〇代藩主細川斉護《ほそかわなりもり》六男、初代駐オランダ・ベルギー公使）、大隈重信、そして財界人渋沢栄一で、この三人は初代から第三代までの会頭を務めている（桶舎典男《おけしやふみお》「日印協会を創立した人々」p.9）。

一九四一年八月二八日、参謀本部の山内豊秋《やまうちとよあき》大尉が日印協会職員の三《み》角《すみ》佐《さ》一郎《いちろう》を訪ね、「ぜひ相談したい事があるので参謀本部に来て頂きたい」と求めた。当時まだ二〇代半ばだった三角は何事かと思い、三宅坂にあった参謀本部に足を運んだ。すると数人の参謀から、こう要請されたという――米英との戦争は不可避の情勢になってきた、そこでビルマやインド方面の情勢について資料を作成したいので協力してほしい、と。同様の依頼は、外務省、海軍省、内閣情報部からもあり、補助金は合計で九万五〇〇〇円にも達した、と三角は回想している。現在の価値に直すと五億～一〇億円にもなる額だ。これを受けて、日印協会はインド方面の地理や資源、産業についての資料集をとりまとめて提出した（三角佐一郎「日印協会と歩んだ65年」p.18）。

開戦前の時点では、南方の作戦範囲にはインドは含まれていなかった。前章でも触れたとおり、ビルマ止まりだったのである。したがって陸軍は当初からインド進攻を視野に入れていたわけではなかったが、対英戦を展開する以上、大英帝国の要であるインドがカギになるとの認識が芽生えていたことが藤原や三角の活動からうかがえる。

ただ、逆に言えば、それまで陸軍内ではインドについての情報は皆無だったということでもある。三角は八月に初めて参謀本部に行った際、「日本の陸軍は南方のことは殆《ほとん》ど調査していないので何の資料もない」と言われた、と後年記している（三角前掲資料p.18）。

陸軍が南方作戦を進めていた一九四二年二月、三角は佐官待遇でビルマに派遣される。マハートマ・ガンディーと会見するなどインド通として知られ、衆議院議員をしていた高岡大輔も一緒だった。三か月余りに及んだ現地調査で、三角はインド独立運動などの政治情勢や連合軍側の状況についての情報や資料の収集を行った。このときの資料は東京大空襲で焼失したり、終戦直後に占領軍からのいらぬ詮索を避けたいとの考えから焼却したりしたとのことで、現存しているものはほぼない（三角佐一郎ほか『回想の日印関係』pp.112-120）。

三角自身もラングーン以外で現地調査をしたか、とくに印緬国境地域まで赴いたか否かについては語っていない。いずれにしても、対英戦開始後のことなので、当然インド国内で調査をすることはできなかった。

曖昧な作戦実施「見送り」

一九四二年夏ににわかに盛り上がった二一号作戦だったが、その後実施に向けた勢いはトーンダウンしていく。

一〇月三日に参謀本部第一部長から南方軍総参謀長に宛てた電報では、作戦は「当分保留」とし、実行する場合も開始時期は二月頃になる、兵団の移動や作戦発起線付近への軍需品の集積についても別途指示があるまで行わないようにとしていた。約二個師団でブラマプトラ河まで進出し占領地域を確保するのは「聊《いささ》か無理あり」、兵要地誌の調査についても「未だ不十分」などと延期の理由が挙げられた。つまり、準備も整っていなければ情報も足りていないと判断したのである。当初インド進攻論の根拠となった航空作戦についても、南東太平洋の戦況や国内の生産状況を踏まえ、航空機の消耗をできるかぎり回避するべく「暫《しばら》く進攻時機を控制せざるべからざる状況」との判断に変わっていたことが別の電報で示されている。

この時点ではあくまで「延期」であり「中止」ではなかったが、第一五軍司令官の飯田は「ホッとした気持ちになった」と回想している（『戦史叢書　ビルマ攻略作戦』p.568）。その後、一〇月一三日に高級参謀として第一五軍に着任した片倉衷《かたくらただし》大佐が、作戦についてあらためて検討に取り組んだ。片倉参謀は牟田口第一八師団長と櫻井第三三師団長を訪ねて作戦について意見を聴取したところ、このときも両師団長は反対の考えを示したという。同参謀はシンガポールの南方軍総司令部に赴き、第一五軍の見解を説明し、作戦延期を主張した（『戦史叢書　大本営陸軍部（五）』pp.438-439）。

こうした経緯を受けて南方軍も「無期限延期」に考えを転じたことで、二一号作戦が実施される見込みはほぼなくなった。ただ、この事実上の「作戦中止」も大きな問題があった。それは、明確な「中止」の決断がなされておらず、翌一九四三年後半にインパール作戦という形で復活する余地を残したことである。

当時の経緯を記した『戦史叢書　大本営陸軍部（五）』には、作戦実施の見込みがないことは「誰の目にも明らか」で、「以心伝心」で第一五軍にも伝わっていったという。しかしその一方で、大本営陸軍部としては「できればアラカン山系を扼することは望ましい」と捉えており、一一月八日の「昭和一八年に於ける戦争遂行の為の国力検討資料」でも「対支、対印方面で好機を求めて一部の進攻作戦を実施することを予期」との文言が盛り込まれていた。その後、一一月二三日には大本営から「作戦の企図は放棄しないが、明年二月実施の見込みはなく、むしろ当面英印軍及び中国軍のビルマ反攻に備え、その防衛に専念すべきである」との指示を出すにいたるが、それも第一部長から南方軍総参謀長への幕僚連絡という控えめな形だったのである（『戦史叢書　大本営陸軍部（五）』p.439）。

間に合わなかったインド工作

こうして、二一号作戦は事実上の中止となった。南方軍では総じて作戦実施に積極的で、参謀本部も一部で懸念を示す向きがありながらも、作戦準備指示を出すなど基本的には推進したい考えだった。それに対し、現場の第一五軍では、牟田口第一八師団長も含め、否定論が支配的だった。参謀本部は戦争全体をどう進めるかという観点から、インド北東部の航空拠点を叩くとともに、支配領域を西へと拡大することを企図したが、あまりに拙速だった。短期間でビルマを制圧できた「成功体験」に後押しされた面もあったとしても、広大なインドに進攻するとなると話は違った。

「岩畔機関」の岩畔豪雄は九月の意見書で、インド進攻作戦の必要性を認めつつも、雨季明けに決行するには以下の四条件をクリアすることが必要だと指摘していた（「対印作戦に関する意見」）。

（一）印度内部の反英独立気運依然継続すること
（二）印度内に親日的気運勃興すること
已むを得ざるも対日中立の気運存在すること
（三）我軍の準備就中《なかんずく》補給準備完了すること
（四）確信を以て印度国民軍を使用し得ること

このうち（一）と（二）について岩畔は、「単に客観的状勢の継続又は変転を待つことなく我方《わがほう》より積極的に之れを醸成すること必要」であり、そのためには「今後尚四ヶ月内外を必要」としていた。情勢の推移を座視するのではなく、日本にとって好ましいか、少なくともニュートラルな状況を作り出すべきというのだ。

　たしかにこれができていたら、二一号作戦を実施した場合の成功の可能性は高くなっていただろう。しかし、当時の日本軍に実効性のある反英工作を展開できる能力——人材面でも情報面でも——があったかというと、否と言わざるをえない。岩畔機関はペナンの訓練所で養成されたインド人工作員を本国に潜入させるなどの活動を展開したが、規模はきわめて少数だった上に、任務を終えて帰還した者は皆無だった。現地当局の取り締まりにあったか、途中で任務を放棄したと見られている。インド人工作員の資質に問題がなかったとしても、F機関から移行した岩畔機関が潜入工作員養成に取り組みはじめたのが一九四二年夏頃であり、十分な時間をかけて養成できたわけではなかった。

　指導者レベルでも、本章で見たように重慶政府の蔣介石は一九三九年以来インド国民会議派のネルーと親交を持ち、自身も四二年二月に訪印するなど、まさに支持を獲得すべきターゲットにダイレクトに働きかけてきた。それに対し、日本では文化や宗教面はともかく、戦略的な観点からインドが重視されることはなかった。それは、四一年夏になって参謀本部が慌ただしくインド工作に着手し、日印協会の三角らに情報収集を依頼しはじめたことによく表れている。まして現地のインド人指導者とパイプがある軍や政府の幹部などいるはずもなかった。わずかに衆議院議員の高岡大輔がガンディーと面会したことがある程度で、その高岡も岩畔機関や後継組織の光機関には関わったが、インド政策そのものにインパクトをもたらしたわけではなかった。

さらに、岩畔が第四の条件として挙げていたＩＮＡは、一九四二年末には瓦解寸前の状況にあった。司令官のモーハン・シンが日本の「手先」にはなりたくないと反発を強めたことで、以前からぎくしゃくしていた日本軍との関係が悪化し、一二月二九日に更迭される事態になっていたのである。ベルリンからスバース・チャンドラ・ボースが招請され、指揮を掌握する四三年七月までの約半年間、ＩＮＡは機能不全の状態に置かれてしまった。

実はこの時期、英印軍の態勢は整っておらず、日本軍の進攻を受ければ軍事的にはインド北東部を防衛できる状況にはなかった。しかし、補給の問題やインド国内の支持を考えれば、日本軍が一時的に占領に成功したとしても長期的に持ちこたえられたかについては疑問符がつく。それでも、インパール作戦が実施された一九四四年三月に比べれば、状況は日本軍側にとってはるかに有利だったのは間違いない。それだけに、日本軍が戦局全体の推移に加えて「準備不足」「情報不足」によって二一号作戦を事実上中止したことで、英印軍としては図らずも窮地を脱することができた。そしてスリムら軍司令官は、ひと息つくまもなく「次」に目を向けていた――対日反攻に向けた徹底した準備である。

第三章　インドを防衛し、ビルマを奪還せよ

――英印軍の周到な準備

ルイス・マウントバッテン

アジアの英軍にとって、一九四一年末からの半年間は悪夢のような時間だった。マレー半島、香港、シンガポール、そしてビルマ——英国の拠点は次々と日本軍の手に落ち、インドもうかうかとしてはいられない状況に置かれていた。英軍にとって幸いだったのは、モンスーンの訪れだった。雨季の間、インド・ビルマ国境地帯は世界でも有数の豪雨地帯になる。そのため、ひとまず休戦となった。

インド軍（英印軍）司令官のウェーヴェルは、一九四二年夏の時点で早くもビルマ奪還に向けて反攻の機会をうかがっていた。ビルマからインパールに撤退してきたウィリアム・スリム中将も、いずれ来るであろう日本軍との戦いを見据え、自軍の改革や訓練に取り組み始めた。さらに、戦場として想定されたインド北東部、とくに印緬国境地域で情報収集体制を作り上げようと、現地部族との関係強化にも乗り出した。

一九四三年に入ると、戦況が連合軍に有利に推移していった。それを受けて、英米は欧州戦線だけでなくアジア太平洋戦線に目を向けるようになった。日本に対する「チェックメイト」に向けた戦略が着々と練られていったのである。

「王冠に輝く宝石」——大英帝国にとってのインドの重要性

英印軍による対日反攻準備の話に入る前に、大英帝国にとってインドがいかに重要な意味を持っていたかについて見ておこう。

大英帝国にとって、インドは単なる一植民地ではなかった。国土の広さ、当時ですら四億近くに上っていた人口、そこからもたらされる莫大な富。どれをとっても、インドは帝国の植民地のなかで群を抜いていた。「王冠に輝く宝石（Jewel in the Crown）」と称された所以《ゆえん》だ。

さらにインドを重要たらしめていたのは、その地理的優位性だった。インドはアジア、すなわち東洋の国として見なされることが多いが、地図を見てみればむしろ西洋と東洋の中間に鎮座していることがわかる（戦後、人類学者の梅棹忠夫《うめさおただお》が『文明の生態史観』でインドと中東地域を東洋でも西洋でもない「中洋」と位置づけたのは、まさに慧眼《けいがん》だ）。西方面はペルシャや中東、東方面は東南アジアにそれぞれにらみをきかすことができる。北、すなわち内陸アジアに目を転じれば、チベットとアフガニスタンがある。その先には、虎視眈々と南下の機会をうかがう中国とロシアの影がちらつく。インド亜大陸を取り囲むように広がるのがインド洋だ。欧州とアジアをつなぐこの大洋は、戦略的にも経済的にも死活的な重要性を持つ海上交通路である。前章で見たように、日本軍がセイロン島攻撃によってベンガル湾からインド洋東部の制海権を握ったことが一時的にせよイギリスに大きな脅威をもたらしたのもこのためだ。

軍事面でも、インドは兵の供給源としての役割を担った。英印軍はインドやその周辺の防衛のみならず、世界各地のイギリス植民地に派遣された。第一次世界大戦でも、欧州戦線に投入されている。

「インドなしに大英帝国は存立することはできない。インド領有は、決して欠かすことのできない、東半球における支配のしるしなのである」——これは、一八九九年から一九〇五年までインド総督を務めたカーゾン卿の言葉だ（George Nathaniel Curzon, *Persia and the Persian Question*, Vol.1, p.4)。インドの領有が大英帝国にとって不可欠だったことを示しているといえる。

だからこそ、ガンディーらの独立運動に対し、イギリスは硬軟とりあわせた巧妙な姿勢で臨んだ。ときに民衆の運動を厳しく弾圧したかと思えば、段階的にではあったものの自治要求を受け容れていくといった具合だ。植民地主義への批判が高まるなかで、いずれインドから撤退しなくてはならないときが来るにしても、その日を少しでも先延ばししようとしていたのである。

日本軍がビルマを平定し国境に迫ったことで、インドという宝石が王冠からもぎとられかねない恐れが出てきた。一九四二年夏の時点では、英印軍は日本軍を撃退する態勢を整えていなかった。しかし、雨季に入ったことで事実上の休戦がもたらされた。さらに、前章で見たように日本軍は「二一号作戦」でインド北東部進攻計画を検討したものの、結局実施は見送られることとなった。英印軍は気象と相手の出遅れに助けられたのである。

またもや敗北を喫した英印軍——第一次アラカン作戦

ＡＢＤＡ司令官・インド軍司令官の立場にあったアーチボルド・ウェーヴェルは、ビルマ失陥という厳しい現実を突きつけられた。しかし彼は意気消沈することなく、前述のように早くも一九四二年夏にはビルマ反攻という目標を掲げた。

彼はすぐさまそれを実行に移した。一九四二年九月、アキャブを奪還するべく軍に命令を下したのである。アキャブはビルマ西岸部、アラカン地方（現ラカイン州）に位置する港町で、インドとの国境に近く、飛行場もある要衝だ。日本軍は四二年五月に櫻井省三中将率いる第三三師団隷下の一個大隊を派遣し、この地域を占領していた。一気にビルマを奪還するのは容易ではないが、小さくとも勝利を手にすることで、連戦連敗で意気消沈する軍の雰囲気を変えたいというのがウェーヴェルのねらいだった。

ところが、一二月中旬から始まった「第一次アラカン作戦」と呼ばれるこの試みは、失敗に終わった（日本側の呼称は「第一次アキャブ作戦（三一号作戦）」）。英印軍はビルマ戦につづき、またもや敗北を喫してしまったのである。

英印軍はチッタゴンから第一四インド歩兵師団を主体とする軍を南下させたが、そこには当時アキャブ方面の守備に当たっていた宮脇幸助《みやわきこうすけ》大佐率いる一個連隊（通称「宮脇支隊」）が待ち構えていた。英印軍は一九四二年一二月にブティドンからマユ山系を挟んでマウンドウを結ぶ線（ＢＭ道）を突破し、翌四三年一月にはアキャブに近いドンベイクにまで達した。しかし、第五五師団主力や第三三師団隷下部隊の増援を得た日本軍も反撃に出て、両軍の間で激しい戦闘が繰り広げられた。英印軍も第二六インド歩兵師団の増援を受け、ドンベイクを四回にわたって攻撃するなど粘った。しかし、歩兵の機動力に勝る日本軍の前に劣勢となり、四月上旬には第六歩兵旅団長のロナルド・カヴェンディッシュ准将が捕虜になるという屈辱も味わった。英印軍の残存部隊は五月にチッタゴンに撤退し、日本軍はアキャブ一帯を守り抜くことに成功した。

英国の公刊戦史『対日戦』は、アラカンに進攻しアキャブを奪還しようとする試み自体は間違っていなかったとしながらも、次のように指摘している。作戦の初期段階から日本軍に主導権を握られてしまい、兵站面でも十分に支援を供給できないことが判明した時点では、ウェーヴェルはアキャブ奪還をいったん断念し、将来の再戦に向けBM道付近の確保に切り替えるべきだった、と（Woodburn Kirby, *The War Against Japan*, Vol. II, p.359）。

指揮命令系統も混乱を来《きた》した。第一次アラカン作戦で主力となった第一四インド歩兵師団と途中から増援された第二六インド歩兵師団は、いずれも第一五軍団の隷下師団だった。このときの軍団長は、スリムが務めていた。ところが、その上に位置する東部軍司令官のノエル・アーウィン中将がスリムの頭越しに師団長に命令を下すことが少なくなかった（英軍の編成では、「軍」〈army〉と「師団」〈division〉の間に「軍団」〈corps〉という単位が入る）。三月末には第一四師団のウィルフレッド・ロイド師団長が独断で部隊に撤退を命じたことに対し、アーウィン司令官がその当日に更迭を決めるといった事態も起きた。

余談になるが、この英国公刊戦史『対日戦』で、ビルマ失陥や第一次アラカン作戦を扱った第二巻の表紙には二枚の写真が掲載されている（版は二〇〇四年にネイヴァル・アンド・ミリタリー・プレスから刊行されたもの）。一枚はウェーヴェルや米軍のスティルウェルら連合軍の司令官五人の集合写真だが、もう一枚には日本の軍人がひとり写っている。アキャブで指揮をとった第五五師団長、古閑健《こがたけし》中将だ。日本では必ずしも知名度が高くない軍人だし、筆者も最初見たときは正直誰かわからなかった。それが英国から見ると、自軍の猛攻を跳ね返した敵将として高く評価しているということなのだろう。

連合軍の反攻準備と英印軍の態勢立て直し

一九四三年に入ると連合軍はアジアでの失地回復に向けた戦略構築に乗り出すべく、首脳レベルの協議を重ねた。五月にワシントンで開いた会談（通称「トライデント」）では、チャーチルとローズヴェルトが、重慶政府への補給強化に加え、インド北東部、中国の雲南、アキャブ方面からそれぞれビルマに進攻する作戦を展開することで一致した。英米首脳は八月にケベックで再度会談し、イタリアを枢軸国陣営から脱落させ、次いでドイツ、その後に日本を降伏させるという道筋を示した（通称「クアドラント」。カナダのマッケンジー・キング首相も同席）。会談の内容は蒋介石にも共有された。

こうしたなか、英米首脳の合意にもとづき、八月には「東南アジア軍司令部（SEAC）」が設置された。インドやビルマ、セイロンを含むアジア戦線で、連合軍の統合的運用を図ることを目的としたものだ。司令官にはイギリス人のルイス・マウントバッテンが任命され、一一月にデリーの司令部に着任した。

マウントバッテンはドイツ系名門貴族の出で、二〇二一年四月に薨去《こうきょ》したエリザベス女王の夫、エディンバラ公フィリップも親戚筋にあたる。王室と血縁関係にある貴族を司令官に起用したことは、インド防衛とビルマ奪還を帝国の威信をかけた戦いと位置づけていたことの表れではないだろうか。なお、マウントバッテンは四七年から四八年までの間「最後のインド総督」となり、英国によるインド支配の幕引き役を務めたことでも知られている。

ＳＥＡＣ副司令官にはアメリカ陸軍のジョセフ・スティルウェル中将が充てられた。中国に精通し、米国軍人ながら蔣介石の参謀長を務めていた。ビルマに派遣された中国遠征軍の指揮をとったのも彼だった。一九四二年二月には米軍の中国・ビルマ・インド（ＣＢＩ）戦域司令官にも任命されている。スティルウェルは、蔣介石軍が雲南からビルマを進攻する際には欠かせない存在だったのだ。まさに「連合」軍だった。

しかし、この人選によって悩ましい問題も持ち上がった。スティルウェルは「ヴィネガー（酸っぱい）・ジョー」という異名があるほどに同僚や部下に手厳しく当たる性格の持ち主で、その上、大のイギリス人嫌いでもあったのである。とくに、英印軍で陸上部隊を統括する立場にあったジョージ・ギファード大将とは犬猿の仲だった。それを救ったのはスリムで、ビルマ撤退戦の際に友軍としてスティルウェルと培った関係が活きたのだという（Geoffrey Evans, *Slim as Military Commander*, p.104）。

アキャブ奪還失敗後、英印軍も態勢立て直しに着手した。敗北を重ねたウェーヴェルはインド総督に転出し、クロード・オーキンレック大将が後任のインド軍総司令官となった。オーキンレックは一九四一年前半にも約半年同じポストを務めたことがあり、二回目の登板だった。

さらに、編制面では東部軍が分割され、ベンガルやオリッサ（現オディシャ）といった東部地域の国内防衛を担当する「東部コマンド」と、ビルマ奪還に取り組む攻勢部隊として「第一四軍」が設置された。司令官に任命されたのは、第一五軍団長だったスリムである。一九四三年一一月中旬時点で、彼は第一五軍団と第四軍団、計六個師団を指揮することになった（この他に予備部隊として一個師団と一個戦車旅団があった）。このとき彼は五二歳。ビルマ、さらにはアラカンでの敗北から教訓を得て、必勝を期していた。

「士気の低下」にスリムはどう対処したか

軍の態勢が整備されていくなか、スリムがとくに力を入れたのが将兵を「戦える集団」として再生させることだった。彼は第一五軍団長を務めた期間にもこの課題に取り組んだが、態勢が整っていないなかで第一次アラカン作戦が進められたこともあり、十分な成果を挙げるにはいたっていなかった。第一四軍司令官としてインド防衛とビルマ奪還作戦を指揮する立場になったいま、遠くない将来に控える決戦に向けてスリムは対策を本格化させた。

この時期を扱ったイギリス側の文献で頻出するのが、「士気（morale）の低下」という言葉だ。ビルマでの敗退は英印軍の将兵に対し、心身ともに深刻な影響をもたらしていた。日本軍がインドに進攻してきたら、跳ね返すことなどできないのではないか――そんな弱気なムードが蔓延していたのである。

そこでスリムは二つの改革に着手した。「食糧事情の改善」と「医療態勢の整備」である。

スリムが第一四軍司令官に就任した頃、インド北東部に展開する部隊への食糧供給態勢が整っておらず、ビルマへの反攻作戦を実施する状況にはないことが明らかになった。イギリス兵が好む肉類はきわめて限られており、配給はインパール駐留部隊で規定の半分、さらに奥地の部隊となるとまったく提供されず、高温の気候のためにドロドロになった缶詰しかなかったという。現地で牛を食用とする手段も考えられたが、地元の流通態勢への影響や住民の宗教面への配慮から実行はされなかった。インド兵の場合、宗教上の理由で肉がなくても大きな問題にはならなかったが、牛乳やギー（牛乳や水牛の乳を煮詰めて作るバターオイル）といった彼らの食生活に欠かせない食品の供給もやはり滞っていた。野菜も劣悪な輸送インフラゆえに到着時には腐ってしまい、コメやアタ（チャパティなどに使う全粒粉）の供給も十分ではなかった（Evans, *Slim as Military Commander*, p.110）。

そこでスリムは着任から一か月も経たないうちにデリーに赴き、インド軍総司令官のオーキンレックにこの問題について直談判した。その結果、軍民を挙げた供給態勢強化の取り組みが行われ、一九四四年初めの時点では質量ともに食糧事情は着実に改善に向かったという（Evans, *Slim as Military Commander*, p.111）。

医療態勢の整備も重要な課題だった。インド北東部ではチフスやコレラ、天然痘といった感染症が蔓延しており、なかでも特に影響が深刻だったのはマラリアだった。この点を重視していたのはスリムに限らず、マウントバッテンもSEAC総司令官着任直前にカルカッタで行った訓示で、感染症対策をしっかりととる考えを示していた。

しかし、現状は厳しかった。北東部で部隊が展開する地域では、予防薬だけでなく、ウイルスを媒介する蚊を防ぐための蚊帳《かや》やクリームは望むべくもなかった。マラリアの感染が拡大した結果、中隊規模に縮小してしまった大隊や、機能停止状態に陥ってしまった部隊もあったという。感染した場合に治療を受けられる病院も限られていた。スリムのもとで第五インド師団長を務めたジョフリー・エヴァンスによると、特効薬のキニーネは原料の産地を日本軍が占領したことで入手が困難になった（Evans, *Slim as Military Commander*, pp.111-112）。戦場で「医療崩壊」が起きていたのである。

もうひとつ英印軍を悩ませた病気があった。ツツガムシ病だ。ダニによって媒介され、罹患した者は身体のあちこちでリンパ節が腫れ、高熱や発疹、聴覚障害、呼吸困難といった症状に苦しめられる。治療といっても安静にして、栄養をとることくらいしかなかった。

スリムが着任した一九四三年一〇月時点では、第一四軍のマラリア罹患率は年間で八四パーセントにもなっていた。そこで彼は、部隊が展開する地域の後方に「マラリア前線治療ユニット」を設置し、迅速に治療を行える態勢を構築しようとした。さらに、予防措置も強化した。キニーネが入手困難なため、メパクリンやパルドリンといった別の薬を朝晩二回服用するよう義務づけたほか、半ズボンの着用や日没後の腕まくりを禁止した。抜き打ち検査も実施し、規定に達しない部隊の指揮官は更迭するという徹底ぶりだった。一連の感染予防対策により、インパールの戦いを経た四五年には、第一四軍のマラリア罹患者は一〇〇〇人当たり何と一人にまで減少したという（Evans, *Slim as Military Commander*, p.113)。

加えて、スリム自身が積極的に将兵と直接触れ合って疲弊した彼らを鼓舞するとともに、現場の声に耳を傾けた。戦争の意義について話をするだけでなく、食糧事情や給与、休暇、手紙のやりとり、さらにはビールといった兵士にとって身近な話題も取り上げた。第七インド歩兵師団長としてアラカンやコヒマで指揮をとったフランク・メサヴィ中将は、スリムについて「高級将校然としたところはまったくない人でした」と語っている（Evans, *Slim as Military Commander*, p.115)。

これは、スリムのバックグラウンドがあってのことだった。庶民階級出身の彼はマウントバッテンのような毛並みの良さはなかったし、ウェーヴェルのようにサンドハースト王立陸軍士官学校の出でもなかった。父が事業で失敗したため次男のスリムは大学に通うことができず、二〇代前半は小学校の教員や金属管メーカーの社員をしていた。しかし、軍人になりたいという夢を捨てきれなかった彼は、バーミンガム大学の将校養成団に入ったことで道が開けた。折しも第一次世界大戦が勃発しイギリスも参戦するなか、スリムは臨時少尉に任官し、トルコのガリポリの戦いに加わった。その後、一九一八年からは英印軍所属となり、次第に頭角を現していったという、まさにたたき上げの将軍だった。そんな彼だからこそ、現場の兵士の心情をよく理解することができたし、士気を高めるためのツボを心得ていたのである。

インド北東部の歴史

英印軍がビルマ反攻を行うにしても、日本軍がインド北東部に進攻するにしても、必ず越えなくてはならない難所があった。印緬国境である。英印軍は一九四二年のビルマ撤退戦で国境越えを経験しており、その困難さを身にしみるほど痛感していた。来たるべき日本軍との戦いを見据え、この地域の特性と制約を理解し、必要な対策を講じることが急務となった。

では、その印緬国境地域とはいかなる場所なのか。ここで、歴史的経緯を中心に確認しておこう。

ビルマとの国境に接しているのは、マニプル藩王国と、その北方に位置するナガ丘陵

（行政区域上はアッサム州に含まれる）だ。現在のインドでは、それぞれマニプル州とナガランド州になっている。これらの地がインド側に属することになったのは、一八世紀後半から一九世紀前半にかけてのビルマの西進がきっかけだった。

　ビルマはコンバウン朝（一七五二～一八八五年）時代に対外膨張政策をとった。一七八四年には、約三五〇年つづいたアラカン（ラカイン）王国も征服した（東方面では一七六七年にタイのアユタヤ王国を滅ぼしている）。さらに、現在のインド北東部、マニプルやアッサムにも派兵して現地の藩王に忠誠を誓わせた。これがインドを支配していた東インド会社、つまり英国を刺激することとなり、第一次英緬戦争（一八二四～二六年）が勃発した。この戦争にビルマは敗れ、アラカンと南部のテナセリム（現タニンタリー）の割譲に加え、アッサムとマニプルに対する宗主権の放棄を強いられたのである（根本敬『物語　ビルマの歴史』pp.57-59）。

　このときマニプルのガンビール・シン藩王はビルマ軍を排除すべく英軍に支援を求め、戦争終結後にはイギリス側の保護国となった。これは、内政については藩王国が権限を維持する一方で、外交や防衛についてはイギリスが担うことを意味した（一九四〇年代に英印軍がインパールを軍事拠点にできたのも、このためだ）。当時のイギリス植民地政府は、カシミールやハイデラバード、マイソールなどインド各地で藩王国と次々に協定を結び、広大な国土の支配を確立していったのである。ただ、植民地政府と藩王国の関係がつねに良好とは限らず、反乱も起きている。マニプル藩王国でも、一八九一年に藩王家の勢力争いに乗じて植民地政府が介入したことがきっかけで、「アングロ・マニプル戦争」と呼ばれる武力衝突に発展したこともあった。

ナガ丘陵のほうは、さらに経緯が複雑だ。ナガ丘陵に住む人びとはナガ族と呼ばれるが、これはあくまで総称にすぎない。これはマニプルから見て西に位置するルシャイ族などインド北東部の他部族にも言えることだが、一定程度の文化的共通性はありながらも、各村落が独立した状態で存在し、共通の言語があるわけでもない。そんなナガ丘陵にもイギリス植民地政府の支配がじわじわと及んでいった。一八六六年には「ナガ丘陵県」という行政単位が作られ、一九一〇年までにナガ地域全土をカバーするようになった。一九一二年にはアッサム州に編入されたが、三五年には「隔離地域（Excluded Area)」として同州には属するが別個の扱いを受けるという形がとられた。

イギリスは早い段階から両地域の調査に着手していた。第一次英緬戦争でアッサム地方を獲得した際には、三人の軍人測量官を同行させている。この測量チームは一八二七年にはブラマプトラ河流域を越え、ビルマ側のイラワジ河の岸にまで到達したという（薬師義美『大ヒマラヤ探検史　インド測量局とその密偵たち』p.83）。

その後もインド植民地政府のもとで辺境地域の調査は継続された。一九〇七年に発行された調査報告書『インドからの辺境および海外調査（*Frontier and Overseas Expeditions from India*）』の「第四巻　北部および北東部辺境部族」では、ネパールやチベット、ブータンと並んでアッサム等のパートがある。そこではナガ丘陵やマニプル藩王国といった、インパールの戦いの舞台となる地域も取り上げられており、イギリスの進出の経緯のほか、地形や部族、居住環境などが詳細に記されている。

ナガ丘陵について言えば、一八三九年から四七年の八年間だけで英軍が七回にわたり侵入を試みたほか、七五年、七七年、八〇年にもまとまった規模の遠征が行われた。これらを通じてイギリスは現地の実態を把握するとともに、部族との関係を構築していった。一〇〇年にわたる「地の利」がイギリスにはあり、このことがインパールをめぐる戦いでも活かされていくのである。

ナガ丘陵の戦略的重要性

日本軍が印緬国境に迫った頃、ナガ丘陵とマニプルの重要性に着目していた、オラフ・カローというイギリス人が植民地政府にいた。カローは一九一九年以来、エリート官僚職の「インド高等文官（ＩＣＳ）」として植民地政府に勤務し、三九年から四六年というインドにとってもイギリスにとってもきわめて重要な時には外務長官を務めた。イギリスのインド撤退直前には北西辺境州（現在はパキスタンに属し、「ハイバル・パフトゥンハー州」に改称されている）で知事を務めるなど、インドの辺境情勢に精通する人物だ。

カローについての研究書『グレート・ゲームの未来　サー・オラフ・カロー、インドの独立、アジアの防衛』によると、彼の問題意識はこうだった。大戦後の世界ではインドが独立とは言わないまでも植民地から自治領（ドミニオン）に移行することは不可避だろう。しかし、そのような状況下でもイギリスはインドにおいて戦略的利益を確保していく必要がある。ユーラシアに目を向ければ、北には中国が、西にはソ連がいる。両国ともいずれは南下、すなわちインドやその周辺地域に触手を伸ばすことが想定される。それを見据えて、インドをどう防衛すべきか、と（Peter John Brobst, *The Future of the Great Game*）。

そこで彼は、インドを取り囲む陸上地域を「アウター・リング（外輪）」と「インナー・リング（内輪）」に分けて、二段構えで対処することを考えた。前者は緩衝地帯で、イランやアフガニスタン、東南アジアといった国や地域が含まれた。後者は「胸壁（parapet）」、すなわちインドという本体を守るための柵のような存在と位置づけられていた。インナー・リングには、バローチスタン（現在はパキスタンの一州）、ネパール、そしてナガ丘陵が含まれていた。

インドが自治領になった後も、こうした地域に大英帝国軍を駐留させるべきだ――一九四二年の時点でカローはそう訴えていた。実現はしなかったが、ナガ丘陵の「アッサム州内の隔離地域」という指定を廃し、中央政府が直接統治できる「部族地域」にすべきだとも提唱した（Brobst, *The Future of the Great Game*, p.77, p.87）。

こうした議論は、対日戦の文脈で行われたものではなかった。しかし、日本軍のインド進攻が現実味を帯びていた当時、北東部が移動経路や戦闘地域になることは十分想定された。そうしたなかで、ナガ丘陵で日本軍を食い止められるかどうかはインド防衛に死活的な重要性を帯びていた。カロー自身も、インパールの戦い終結後の一九四四年八月に「勇敢な部族民を擁するマニプルとナガ丘陵は、インド防衛にとって〔日本軍を圧迫する〕コンプレッサーとしての有用性」があったと記している（Brobst, *The Future of the Great Game*, p.77, p.85）。

交通インフラの整備

では、ナガ丘陵やマニプルで軍事上必要なものは何か。この点で第一四軍を率いるスリムが腐心したのは、脆弱な交通インフラを急ピッチで改善することだった。

第一四軍がカバーすることになった地域は広大だった。ビルマとの国境線は一〇〇〇キロを超え、標高三〇〇〇メートル級の山々が連なっていた。その上、インパール平原を除き大部分が深い密林に覆われていたのである。カルカッタはじめインド国内の拠点から物資を輸送する際のルートは、アッサム州のディマプルまでは鉄道があったものの、そこから先はナガ丘陵のコヒマを経てインパールに至る自動車道が一本あるだけだった。それとて、雨季になれば地滑りが多発し、通行が著しく困難になることは言うまでもない。

ディマプルからの道路以外には、インパールと外界をつなぐ主な道は三つしかなかった。一つは東に向かってシェナム峠を越えてタムに降り、ビルマへと抜けるルート。二つ目は、インパールの南三〇キロに位置するビシュヌプル（日本では「ビシェンプール」と呼ばれることが多い）から西に向かって山越えをし、シルチャールに出るルート。三つ目は、南下してチン丘陵（現在はミャンマーのチン州）のティディムに向かうルート。あとは各地に地元住民しか知らないような山道があるだけだった。

どれも道といっても、馬が通れる程度でしかない。大規模な軍の移動には不向きだった。そこで、まず着手されたのが最後に挙げた南ルート、通称「ティディム・ロード」の整備だった。ビルマ反攻を実行に移す際、最も距離が短いルートはタムに出るルートだが、それは日本軍も承知ずみだろうから別ルートを確保しておこうというのがねらいだった——建設作業の責任者を務めた英印軍第一七インド歩兵師団のイアン・ライアル・グラント少将は後年そう記している（Ian Lyall Grant, *Burma: The Turning Point*, p.35）。

当初の予定では一九四二年から四三年にかけての乾季中に完工させることになっていたが、エンジニアや作業員が足りず遅延を来した。それでも、インパールから途中の拠点、トルブンまでの五三キロを全天候型道路（アスファルト舗装路）に、トルブンからティディムまでの区間もジープ道に変える作業が行われ、四三年五月には通行が可能な状態になった（Pum Khan Pau, “Tedim Road”）。ただし、全長二六五キロのうち二〇〇キロ近くは山間部を通り、ジープの移動でも長時間を要した。戦場で負傷兵の救護輸送活動を行っていたアメリカ野戦奉仕団（ＡＦＳ）のあるスタッフによると、ジープで二七マイル（約四三キロ）の距離を移動する際、軽傷兵なら九時間、重傷兵を担架に乗せる場合は一二時間かかることが多かったという（Geoffrey Evans and Antony Brett-James, *Imphal*, p.51）。

それでも、ティディム・ロードが整備されたことは大きかった。結局英印軍は自分たちから先にビルマ進攻をしたわけではなかったが、インパールの戦いで日本軍を迎え撃つ際にこの道があったことで間一髪の差で味方を救うことができたからである。

地元の部族を組織化した「Vフォース」

さらに、英印軍は日本軍の動きを探るための情報ネットワークを築こうと、国境地域に住む部族の組織化にも乗り出した。

この案を提唱したのはインド軍総司令官のウェーヴェルだった。彼は日本軍のインド北東部進攻に備え、山間の国境地域でゲリラ戦を展開できる部隊を創設することにした。トリプラ藩王国やベンガルのチッタゴン、チン丘陵やナガ丘陵などから部族民二〇〇〇人を採用し、約二〇〇人に対して一人の割合でイギリス人士官を配置するというのが当初の計画だった。さらに採用の余地があれば、一万人規模に拡大することも視野に入れていた（Kirby, *The War Against Japan*, Vol. II, p.192）。ビルマ戦で手痛い敗北を喫し、その後も反攻を焦った結果、第一次アラカン作戦で勝利を逃すなどマイナス面が目立つウェーヴェルだが、将来への重要な布石を打っていた点は評価されるべきだろう。

この結果誕生したのが、「Vフォース」と呼ばれる部隊だった。一九四二年四月にはすでに部隊の構築や兵員の訓練が始まっていたという。アッサム・ライフルズというアッサム州傘下の準軍部隊から、山岳戦に強いことで知られる精強なグルカ兵が派遣されて中核をなし、そこに各部族からの要員が加わるという形がとられた。Vフォースはトリプラ、アイザウル（現在のインド・ミゾラム州の州都）、チン丘陵、インパール、コヒマ、レド、アラカンの七地域に分かれ、各地で日本軍に関する情報収集や偵察活動を展開することになった。また、英印軍と地元住民との橋渡し役、そして勝手知ったる密林のなかでの荷物運搬や案内役を担った（Kirby, *The War Against Japan*, Vol. II, p.192）。英印軍にとってVフォースは、彼らの目となり耳となったのである。

英印軍が組織化したのはVフォースだけではなかった。ビルマ側の辺境地域で部族民主体の既存部隊があったほか、新設したケースもあった。きっかけは日本軍の進攻直前、ビルマ辺境地域の統治に当たっていたH・N・C・スティーヴンソンがドーマン＝スミス総督に対し「イギリスが撤退する事態になっても、現地語を解するインテリジェンス・オフィサーのネットワークを残しておくべきだ」と進言したことだった（Adam Kuper, “An

Interview with Edmund Leach”）。

チン丘陵には「チンフォース（Chin Force）」や「チン丘陵大隊（Chin Hills Battalion）」があり、チン族（ゾ族）が動員されていた。さらに「チン部隊（Chin Levies）」も加わった。隣接するルシャイ丘陵でも「ルシャイ部隊（Lushai Levies）」が作られた。こうした部隊は「クラスA」と「クラスB」に分けられ、前者は居住地域を越えた攻撃的な作戦に従事し、後者は居住地域内での活動に従事することになった。とくに期待されたのはチン丘陵につながる二つの小道を守ることで、そのうちのひとつには英印軍の物資倉庫が置かれている重要拠点だった。

このように、英印軍はチンとルシャイで部族との連携を深めていったが、現地住民側にも協力するに当たっての思惑があった。各部族の長は、土地所有を今後も政府が認めることや自動車道の整備、提供された武器を戦後も継続保有すること等を求めていたのだった。こうした要求のすべてが受け入れられたわけではなかったようだが、死傷者に対する補償を盛り込むなど地元政府とのあいだで妥協が図られたという（Pum Khan Pau, “Behind the enemy line”）。

ビルマ北部のカチン地域では、「北カチン部隊（Northern Kachin Levies）」が作られた。

カチンは東側を中国の雲南省、西側をインド北東部と接している。インドのレドと昆明を結ぶ援蔣ルートは、まさにこのカチンを横断していた。スティルウェル率いる中国遠征軍が雲南方面からビルマに進撃する際にもこの地を通ることになる。連合軍にとっては一時的に撤退するにしても、何らかの形で足がかりを残しておきたい地域だったのだ。

日本軍は一九四二年五月の時点でカチン州の中心都市ミートキーナ（ミッチーナー）周辺は占領していたものの、さらに北方の地域まではカバーしていなかった。こうしたなか、八月にギャンブルという名の中佐が雲南との国境に近い英軍拠点フォート・ハーツに入った。彼の任務は部族部隊を構築することだった。ギャンブルは空輸による食糧補給を受けながら北カチン部隊の構築活動を進め、一一月までに五〇〇人のカチン族ゲリラを集めることに成功した。これでも食糧や装備上の制約から人数を抑えたほうで、「対応可能な規模をはるかに超える応募があった」という（Ian Fellowes-Gordon, *Amiable Assasins*, p.15）。

英印軍のために働いた女性人類学者

英印軍は国境地域を専門とする学者や現地事情に詳しい行政官も総動員した。彼らに課した任務は、単なる調査だけにとどまらず、地元住民からなる部隊の構築や指揮にまで及んだ。

なかでも際だった存在感を示したのが、イングランド出身の人類学者アーシュラ・グラハム・バウワーだ。当時二〇代後半の彼女は、アッサム州北カチャールのゼミ・ナガ族地域でフィールドワークをしており、地元の敬慕を集める存在だった。自著『ナガの道』には、拠点とは別の村を訪ねた際、住民から大変な歓待を受け、「おお母よ！　おお女王よ、おお女神よ！」と称《たた》えられたというエピソードが記されている（Ursula Graham Bower, *Naga Path*, p.57）。バウワーが現地入りしたのは、民族運動を展開していたナガ族の女性指導者、ラニ・ガイディンリウがインド当局に収監されて間もないタイミングだった。そのため、彼女はガイディンリウの「化身」と見なされもした。

アーシュラ・グラハム・バウワー

そんなバウワーに英印軍が目をつけないわけがなかった。現地住民との信頼関係を買われ、Vフォースにリクルートされたのだった。この要請を受け入れた彼女は、北カチャールの拠点村、ハングラムで隊員募集をはじめた。しかし、村人からは「なぜサーヒブたち

〔ここではバウワーらイギリス人を意味する〕のために戦わなくてはいけないのか」「罠にちがいない」などと疑問の声が上がった。このときは通訳兼補佐役のナムキアというナガ族男性が、対立するアンガミ・ナガ支族から自分たちを守ってくれたのはイギリス人ではないか、道路や塩市場を作ってくれたのはイギリス人ではないか、と反論してくれた。バウワーも「みなさんを連れ去ることなどしません」と必死の説得を行い、最終的に村人から受け入れてもらうことができた（Bower, *Naga Path*, pp.186-189）。部隊の隊長は彼女自身が務めた。

　バウワーの活躍を調べるなかで筆者が思い浮かべたのは、社会人類学者の中根千枝だった。『タテ社会の人間関係』があまりに有名な中根だが、一九五〇年代にはインドでフィールドワークをしており、北東部にも滞在して調査を行っていた。インパールの戦いから九年後の五三年にはナガ族の村々を訪ね、古老や若者から当時の体験を聞き取っている。そのときに訪問先で夕食を振る舞われたときの様子を、彼女はこう記している。

「心をこめた晩餐が、私の前に並べられると、この家の息子の嫁が、日本兵はお箸で食べていたから、あなたもお箸が要るんでしょう、日本軍のを記念にとっておきましたからと、娘に台所で箸を探させた。探し出てきたのを見ると、男子用の箸箱である。この人はここで最期を遂げたのだろうか、こんな日本の箸箱を、思いもよらぬこのジャングルの奥深く発見するとはと、無量の感慨をこめてあけると、箸は一本しか入っていない。一本では食べられないんです、と云うと、息子はさっそく竹を切ってきてあとの一本を作ってくれた。この地方は激戦のあった地だから日本人が行ったら殺されると聞いていたが、こうした優しい人々の親切に胸が熱くなるのだった。お隣の家では、日本の飯盒《はんごう》を今も重宝して使っているという」（中根千枝『未開の顔・文明の顔』pp.64-65）

現地での滞在期間こそ異なるものの、中根もバウワーもナガ丘陵を訪れたのはいずれも二〇代後半で、ナガ族の人びとと信頼関係を築いていったことは共通性を感じさせる。仮に中根が戦前にナガ族の研究をする立場だったとしたら、日本軍から協力を求められていたかもしれない。時期も状況も違うし、個人の思いもあろうが、彼女がどう対応していただろうかと想像せずにはいられない。

なお、当時ナガ丘陵では、クリストフ・フォン・フューラー＝ハイメンドルフという人類学者も活動していた。彼の著書『裸のナガ族（*The Naked Nagas*）』は、バウワーの『ナガの道』と並び、現在でもナガ族研究の必読書のひとつになっている。ただ、彼の場合、オーストリア人ということがネックになった。オーストリアは一九三八年にナチス・ドイツに併合されていたため、学者とはいえ枢軸国側の人間と見なされたのである。彼は一時期南インドのハイデラバードで軟禁生活を余儀なくされたが、その後、イギリス植民地政府のもとで行政官の職を得て、北東辺境管区（略称はＮＥＦＡ。現在のアルナーチャル・プラデーシュ州）で勤務した。

カチンでは「北カチン部隊」が創設されたことは先に記したが、ここでも重要な役割を担った学者がいた。人類学が専門のエドマンド・リーチである。人類学を学ぶ者なら知らない者はいないほどの泰斗だ。『高地ビルマの政治体系』をはじめ、『レヴィ＝ストロース』や『社会人類学案内』など戦後に多くの著作を残している。

リーチはカチンの村に長期滞在してフィールドワークに取り組みながら、一九四〇年秋からはビルマ陸軍士官も兼務していた（エドマンド・R・リーチ『高地ビルマの政治体系』p.358）。日本軍のビルマ進攻が始まると、帯同していた妻と幼い娘をインドに避難させ、彼自身はいったん昆明に逃れた。しかし過酷な移動のなかで赤痢にかかってしまい、カルカッタで療養生活を余儀なくされる。四二年八月にカチンに戻ろうとした際、立ち寄ったアッサム州内の飛行場で前出のH・N・C・スティーヴンソンと偶然対面することになり、「きみには明日フォート・ハーツに行ってもらうことにしよう」と告げられた。すでに現地入りしていたギャンブル中佐とともに、北カチン部隊創設に取り組むことになったのだ（しかし、両者の折り合いは悪く、犬猿の仲だったらしい）（Kuper, “An Interview with Edmund Leach”）。

一連の組織活動で彼はカチン各地を訪ねてまわり、「直接足を踏み入れたことのない主要地区といえば、フコーン〔フーコン〕河谷とヒスイ鉱地域を残すのみとなった」という（リーチ『高地ビルマの政治体系』p.359）。軍の意図を理解し、かつ現地語で住民と接触できるリーチは得がたい存在だったにちがいない。

実務家が部族部隊を率いたケースもあった。チン丘陵で「チン部隊」が創設された際、これを主導し、自ら部隊長となったのがノーマン・ケリーというイギリス人行政官だった。ケリーはビルマ政府の官僚として東部ワ州や国境画定委員会での勤務を経て、一九三九年からティディムに駐在していた（Desmond Kelly, “Kelly's Burma Campaign”）。ケリーは北チン丘陵地区の副行政監督官として、管轄区域内の部族長や長老、村民と密接な関係を築いていた。チン族は英印軍から協力を求められた際、自分たちの思惑があったことは前述したとおりだ。だとしても、ケリーのような存在があったことで――実際、彼は部族長らに直談判して協力を求めていた――合意に達したのである。

英印軍の「日本語重視シフト」

日本軍との戦いに備えるに当たって、英印軍には頭の痛い問題があった。日本語である。情報の収集や分析を重視するのであれば、日本軍俘虜への訊問や鹵獲《ろかく》した文書の解読が必須となる。ところが、ビルマから撤退した頃には英印軍に日本語を解する者は皆無に等しい状態だった。

イギリス本国では軍が日本語要員を養成する必要性を認識し、ロンドン大学東洋アフリカ研究学院（ＳＯＡＳ）に日本語集中特訓コースが開設された。ＳＯＡＳは当時イギリスで唯一日本語が学べるコースを持つ高等教育機関で、対日戦開始前の一九四一年夏の時点から軍人向けの日本語教育計画を国防省に提出していた経緯があった。早くも一九四二年五月には、読み書きと会話の両方を学ぶ政府給費生向けコースが始まった。対象は高校卒業生で、三〇人が受講した（大庭定男『戦中ロンドン日本語学校』pp.14-16, pp.20-21）。

とはいえ、ヨーロッパ系の言語とは文字や文法からして大きく異なる日本語を短期間で総合的にマスターするのは至難の業だ。総合的な日本語能力を身につけるには何年もの時間を要するが、戦時下においてそんな悠長なことは言っていられない。そのため、給費生向けコースとは別に、軍のなかから選抜された者を対象として、訊問担当官養成を目的とする訊問コース、それに翻訳担当官養成のための翻訳コースがそれぞれ設置された。前者は日本語会話の特訓を受け、後者はひたすら読み書きを学ぶ徹底ぶりだったが、それも時間が限られているなかで現場のニーズに応えるべく、割り切った結果だった。ただし、現場では翻訳コース出身者が訊問を、逆に訊問コース出身者が翻訳を求められることがしばしばあったこともあり、その後、読解と会話の両方を学ぶ「総合コース」が設置された。コースや期によっても異なるが、学習期間はおおむね一三か月から一八か月とされた（この他に翻訳担当官を六か月ないし九か月で養成する超短期コースもあったが、途中で中止となった）。大庭定男の集計によると、一九四五年九月までに、各コース合わせて一八七人が修了したという（大庭前掲資料pp.20-26, p.283）。

カリキュラムを終えた修了生は、次々に現場に投入されていった。訊問コースの修了生はデリーの軍統合詳細訊問センター（ＣＩＳＤＩＣ）に、翻訳コースの修了生は東南アジア翻訳訊問センター（ＳＥＡＴＩＣ）にそれぞれ配属された。第六章で詳しく触れるように、日本軍のインド北東部進攻が現実味を帯びてくると、ＣＩＳＤＩＣはインパールに駐留する第四軍団に「機動訊問班」を設置し、そこにも修了生を派遣した。俘虜を獲得したらただちに訊問に取りかかれる態勢を整えておくためだった。

余談になるが、このＳＯＡＳの日本語特訓コースからは、戦後の日英関係で大きな役割をになうことになる人物が何人も輩出されている。日本の経済や社会を専門とする社会学者のロナルド・ドーアは、一七歳のときに政府給費生向けコースに応募して採用されたひとりだ。翻訳コースの修了生には、戦争末期にビルマに派遣され、本書でも引用した『ビルマ　遠い戦場（*Burma: The Longest War*）』を戦後に著したルイ・アレンがいる。訊問コースからは、戦後に外交官となり、駐日大使を務めたヒュー・コータッツィらが生まれている（大庭前掲資料pp.17-19, pp.23-24）。

さらに、インテリジェンス・オフィサー養成の要となる組織でも「日本語重視シフト」がとられた。英印軍のオーキンレック総司令官が、インド西部カラチ（現在はパキスタンの最大都市）にある情報研修所の再編・拡充を決めるとともに、それまでのドイツ・イタリア偏重の調査体制を改めて日本に重点を置くことにしたのである。研修所の所長には、日本語が話せ、日本人のメンタリティを理解するG・T・ウォーズ大佐を起用した（Kirby, *The War against Japan*, Vol.III, p.33）。

　このように、英印軍は日本軍との戦いに備え各方面で準備を進めていった。すべてが想定通りに運んだわけではなかったし、第一次アラカン作戦のようにさらなる失敗もあった。軍をとりまく厳しい自然条件を完全に克服できたわけでもなかった。しかし、日本軍が一九四二年に一気にインド進攻を行わなかったことで時間的に余裕ができ、立て直しに取り組めたことは大きかった。

　ヨーロッパ戦線でも大きな動きがあった。一九四三年一月にスターリングラードでドイツ軍が大敗を喫し、ソ連軍は西に向かって進撃をつづけた。九月にはイタリアが降伏し、枢軸国陣営の一角が脱落した。連合国が優勢になったことは明らかだった。

　一九四三年九月、インド北東部とビルマで雨季が明けると、スリムと第一四軍は作戦態勢の仕上げに取りかかった。そこではある重要な決断が下されるのだが、それについては第五章で取り上げることにしたい。

第四章　チャンドラ・ボースの登場と光機関の情報活動

スバース・チャンドラ・ボース

英印軍が着々と反攻の準備を進めるなか、日本軍も手をこまねいていたわけではなかった。

しかし、一九四三年初めの時点では日本軍の対インド戦略は停滞状態に陥っていた。すでに見たように、インド北東部進攻を企図した「二一号作戦」計画は事実上中止となった。英印軍の投降兵を主体として創設されたインド国民軍（ＩＮＡ）は、初めの頃こそ日本軍と良好な関係にあったが、次第に見解の相違が顕著になっていった。前年末には司令官が解任されるなど、組織の存続すら危ぶまれるレベルにまでなっていた。

こうしたなか、対インド戦略でカギとなる重要人物が日本側に合流する。この男の到着によって、瓦解してもおかしくないところまできていた南方のインド独立運動に新たな命が吹き込まれることになる。これを受けて、東條英機はじめ日本の指導者は改めてインドへのコミットメントを強化していった。さらに、日本の対インド関与が再活性化するなかで、印緬国境地域で英印軍が進めていった現地部族の組織化に対抗して、日本軍も独自の情報工作を展開していったのである。

チャンドラ・ボース来日

一九四三年六月一九日、東京・帝国ホテル。インド独立運動指導者、スバース・チャンドラ・ボースが記者会見を開いた。

「みなさんは、このような時にわたしがどうして世界のこの場所にやって来たか、不思議に思っておられるかもしれない。長年、わが住まいはインドとビルマに置かれていたイギリスの監獄だった。しかし、インドの監獄で無為に座ったままでいるのではなく、日本の中心部で今日こうしてみなさんの前に立っているという事実は、わが国を席巻する新たな運動にとって象徴的な意味を持っているのです」

自分が来日した意義について、ボースはこう語った。会見の終盤、彼は日本に対してこう期待を寄せた。

「今日、日本はわれわれの共通の敵に対して戦争を行っています。（中略）過去、インドと日本は二〇〇〇年にも及ぶ密接な文化的紐帯《ちゅうたい》によって結びついてきました。近年、イギリスによるインド支配によってこの紐帯は阻害されてしまっています。しかし、ひとたびインドが自由を獲得すれば、この紐帯が復活し、さらには強化されることは間違いありません」(Subhas Chandra Bose, *Chalo Delhi*, pp.17-19)

ボースが東京に姿を現してメッセージを発したことは、イギリスやインド、アジア各地の植民地当局者や政治家、民族運動指導者らを驚愕させた。この年の四月一三日、ベルリンから放送される「自由インド・ラジオ」でアムリトサル虐殺事件二四周年について演説を行っていた(Bose, *Azad Hind*, pp.200-204)。それから二か月余りしか経っていないのに、彼はいったいどうやってドイツから日本に移動したのか。現代のように、ベルリンから東京まで飛行機でひとっ飛びなどというわけにはいかない。ましてやこのときは戦時下だ。連合国の包囲網をかいくぐって長距離の移動をするのは至難の業のはずだ。

まさかのボース来日に、在日インド人は熱狂した。なかでもサティ・サハーイはとくに驚きと喜びにあふれていた。彼女は第二章で触れた独立運動活動家、アーナンド・モーハン・サハーイの妻で、インドにいたときはボースと接点があったからである。サティはいてもたってもいられず、子どもたちを連れてボースのもとに駆けつけた。サティの長女アシャ——生まれも育ちも日本で、「朝子《あさこ》」と呼ばれていた——によると、ボースは旧知のサティに対し、生活の様子を気遣ってくれるとともに、独立運動に臨む気構えを教えてくれたという。ボースとの対面はアシャにとっても鮮烈な印象を残したようで、七〇年以上経った後でも懐かしそうに筆者に語ってくれたものだ（拙著『インド独立の志士「朝子」』pp.89-90）。

一方で、一九四一年にカルカッタを脱出しベルリンまで移動したことがあっただけに、またしてもボースはやったか、という側面もあった。

第一章で述べたように、実は、一九四三年二月上旬にボースはドイツをあとにしていた。それを悟られまいと、ラジオ演説は事前に録音を済ませておいたものを放送したのだった。その間、ボースを乗せたドイツ海軍のUボートが当時ドイツの占領下にあったフランスのブレスト軍港から出航し、大西洋を経てマダガスカル沖まで出た。そこでボースは待ち構えていた日本海軍の潜水艦伊二九に乗り換え、インド洋を横断してスマトラ島北端に接するサバン島（現ウェー島）にたどり着いた。日本軍機で東京に着いたのは五月一六日のことである。

ここまでして極秘裏に日本に向かったのには理由があった。第一章で記したとおり、当初ボースはベルリンに拠点を置き、反英という点でドイツと共闘したい考えだった。しかし思うような支援が得られなかったため、日本行きを希望するようになる。一九四二年夏にインド国内で国民会議派が「クイット・インディア」運動を始めたことも彼の焦燥感をかき立てた。

ただ、このとき日本側の腰は重く、ボース招致が決まったのが一九四二年八月だった。そこからも動きは鈍く、実際にボースがドイツを出たのは半年後だったのである。このとき生じてしまった空白期間は、検討を重ねながらも結局棚上げになった二一号作戦とも相まって、日本が対インド戦略をタイムリーに推進するチャンスを損なってしまった。

ボースとの直接会談が東条を変えた

東京に到着したボースは、それまでにロスした時間を取り戻そうとするかのように、精力的に動いた。杉山元陸軍参謀総長や嶋田《しまだ》繁太郎《しげたろう》海相、永野修身海軍軍令部総長、重光葵《しげみつまもる》外相など、日本軍や政府の要人と次々に会談した（ただし、この時点では公の場に姿を現しておらず、滞在していた帝国ホテルでも「松田」という変名を使うなど、自分の存在が知られないよう念には念を入れて行動していた）。「中村屋のボース」ことラーシュ・ビハーリー・ボースも駆けつけた。

ただ、なかなか会談が実現しない大物がいた。東條英機である。彼はボースに対して、共産主義に傾倒しているのではないかと否定的な見方をしていたとされる。ボースについては、陸軍省、海軍省、外務省が決定した対処方針にも「先ず東京に招致し工作上の利用価値を判定する」（『杉山メモ（下）』p.397）とあるように、知名度はあるのはわかってはいたが、その実力や日本とどのような関係を築けるかについては、東條に限らず日本政府や陸軍は確信が持てていなかったようだ。加えて、ＩＮＡ司令官のモーハン・シンが日本軍への不信感を強めたことも、東條のインド観をネガティブにしたようだ。ボースとしては首相兼陸相の東條は何としてでも会いたい相手だった。しかし、東條のほうはあれやこれやと理由を付けて、会談を先延ばしにしていた。

その東條がボースとの会談に応じることになったのは六月一〇日のことである。インド独立にかける想いを理路整然かつ情熱的に話すボースに東條はすっかり魅了され、それまでの見方を一変させた。ボースのカリスマ性や人間的な魅力に強く惹きつけられた者は多かった。インド工作機関を率いた岩畔豪雄も後年、自分はこれまで日本人外国人問わずさまざまな人間に会ってきたが、「英雄という感じを受けたのはチャンドラ・ボースだけでした。（中略）ほんとに革命家という感じを受ける人でした」と記しているほどだ（岩畔豪雄『昭和陸軍 謀略秘史』p.232)。

六月一二日に東條は帝国議会で行った演説で、インドに対する方針についてこう述べた。

「帝国は、印度民衆の敵たる米英の勢力を印度より駆逐し、真に独立印度の完成の為、あらゆる手段を尽くすべき牢固《ろうこ》たる決意を持っているのであります。而《しか》して、澎《ほう》湃《はい》たる印度民衆の熱望は必ずや実現せられ、米英勢力は駆逐せられ、其の自由と繁栄との齎《もたら》される日の遠からざることを私は信じ、且つ其の一日も速やかならんことを期待するものであります」(『杉山メモ(下)』p.423。読点を一部削除した)

東條は前年三月中旬に行った議会演説でも「印度四億の民の多年の努力でありまする『印度人の印度』の実現するは正に今日にありと私は確信するものであります」と述べてはいた(『杉山メモ(下)』p.62)。しかし、今回の演説ではインド独立に対する支援を明確に打ち出しており、ボースとの会談の影響がさっそく出ていることが読み取れる。東條はボースにすっかり入れ込んでいたようで、六月中に二度目の会談も実現している。

インド国民軍の再生

日本の協力を取り付けることに成功したボースが次に向かったのはシンガポールだった。一九四二年の日本軍による占領以来、シンガポールは「昭南島」と改称されていた。ボースに期待されたのは、インド独立連盟（ＩＩＬ）とＩＮＡの立て直しだった。ＩＩＬは対米英戦開戦前にＦ機関の藤原岩市が接触し、一九四二年には三月と六月にそれぞれ東京とバンコクで大会を開き、ラーシュ・ビハーリー・ボースが総裁に選ばれていた。長年日本で活動してきた彼は日本軍にとっては好都合な存在だった。しかし、それだけにバンコクやマラヤのＩＩＬ幹部からすると、ラーシュ・ビハーリー・ボースはあまりに日本に近すぎると映ったようだ。このとき彼は五〇代後半だったが、心労が重なったことで健康が悪化し、その指導力に疑問が投げかけられるようになっていた。既述のように、ＩＮＡもモーハン・シン司令官が更迭されて機能不全に陥っていた上、指揮系統をめぐりＩＩＬとの関係もこじれていた。

こうしたなか、ラーシュ・ビハーリー・ボース自身も、インド独立運動を再度推進するにはチャンドラ・ボースにＩＩＬとＩＮＡの指揮権を委ねるのが最善と判断するようになっていた。二人のボースは揃ってシンガポール入りし、一九四三年七月四日に開いた大会でチャンドラ・ボースがＩＩＬ総裁とＩＮＡ最高司令官に就任することが決まった。

ボースが指揮権を掌握したことで、ＩＮＡは新たな段階に入った。ＩＮＡのことを扱った英文文献では、モーハン・シン時代を「第一期ＩＮＡ」、チャンドラ・ボースの時代を「第二期ＩＮＡ」と呼んで区別している（Sugata Bose, *His Majesty's Opponent*, p.243）。それほどにボースの加入はＩＮＡにとって画期となったのだ。では、具体的には何が変わったのか。

まず、何と言ってもボースがＩＮＡをインド武力解放の実行部隊と位置づけたことである。第一期ＩＮＡの場合、立ち上げられて間もないということもあったとはいえ、日本軍の占領地で活動するだけなのか、それとも自分たちがインドに進攻して英印軍駆逐を試みるのか、方向性が定まっていなかった。それに対してボースは明確な指針を示したのである。

次に、その裏付けとなる規模の拡大である。それまでＩＮＡの将兵は英印軍の投降兵が主体だったが、マラヤやシンガポール、ビルマなど南方各地に在住するインド人が入隊を志願するようになった。英印軍のインド人投降兵のなかにも、第一期では様子見だったがボースが来てからＩＮＡに加わった者もいた。第一師団第一遊撃連隊を率いて印緬国境地域で戦ったシャー・ナワーズ・カーン中佐はその代表例である。この結果、日本軍によるインパール作戦開始時点では、INAは二個師団（一個師団あたり約七〇〇〇人）を擁し、さらに一個師団の編制にも取りかかるというところまで態勢が増強された。

もうひとつ特徴的なのは、女性だけで編制されるという、当時のアジアでは考えられなかった部隊が作られたことだ。一九世紀半ばにイギリス植民地政府と戦って壮絶な死を遂げたインド中部ジャーンシー藩王国の王妃にちなんで「ラーニー・オブ・ジャーンシー連隊」と呼ばれ、兵士は男性の部隊と同様に軍服に身を包み、銃を与えられて厳しい訓練を受けた（INA女性部隊については拙著『インド独立の志士「朝子」』を参照していただきたい）。

「自由インド仮政府」の樹立

さらにボースは行政面でも重要な手を打った。一九四三年一〇月二一日、シンガポールで「自由インド仮政府」樹立を宣言したのである。

仮政府の主席にはボース自身が就き、首相と外相、さらに国防相を兼任するという形をとった。この他に財務相や宣伝相など数名の閣僚が置かれ、それぞれに行政組織が作られた。また、ラーシュ・ビハーリー・ボースを最高顧問とし、これまでの独立運動への貢献に敬意を表した。

仮政府は日独伊の枢軸国三国のほか、満洲国、ビルマ、タイ、フィリピン——いずれも独立はしていたものの日本の強い影響下にあった国々だ——から承認された。一〇月二四日には英米に対する宣戦布告も行われた（スバス・チャンドラ・ボース・アカデミー『ネタジと日本人』p.59）。

国際法では、「政府」「領土（領域）」「国民」が国家の要素と見なされている。この三つに照らして自由インド仮政府を考えると、ボースがそこに込めた意図が浮かび上がってくる。「政府」については、既述のとおり閣僚や行政機構があったことで、体裁はひとまず整っていた。

問題は「領土」と「国民」だった。国外で立ち上げた組織なので当然と言えば当然だが、仮政府には統治すべき領土はなかった。だから、どれだけ小さくとも、インド国内に足場を確保することは、仮政府の正統性に関わる重要なポイントだった。そこでボースが目を付けたのが、ベンガル湾東部に浮かぶアンダマン・ニコバル諸島だった。第二章で記したとおり、元々インド領だった同諸島は四二年三月に日本軍によって占領されており、その下でＩＩＬやＩＮＡの支部組織もあった（ただし、日本軍は英印軍の情報工作に乗せられて

ＩＩＬメンバーにスパイ容疑をかけ、逮捕、一部を殺害するという事件を起こしている〈木村宏一郎『忘れられた戦争責任』pp.89-92〉。

ボースは大東亜会議に出席するため一九四三年一一月上旬に訪日した際、首相の東條英機に掛け合って、アンダマン・ニコバル諸島の譲渡を求めたところ、了解を得ることができた。同年末にはボース自らアンダマン島を訪れて現地を視察、翌四四年二月には自由インド仮政府のＡ・Ｄ・ロガナダン軍医少将が知事として派遣された。

その後も日本軍のアンダマン駐留は続き、仮政府が実効的な意味で統治を行ったわけではなかった。ボースにしても、そうなることは不本意だっただろうが、ある程度織り込み済みだったかもしれない。それでもアンダマンという「領土」とそこに住む「国民」を得ることで、仮政府に正統性をもたらし、将来植民地政府を撤退に追い込んだ暁には自分たちが取って代わりたいというねらいがあったのではないかと考えられる。その後もボースは、仮政府を支持する南方在住のインド人に「市民権」を付与したり、日本政府に大使の相互派遣を要求したりした。インパール作戦に際しては、速やかに仮政府が占領地の統治を行うべく、行政機構を設置する必要があると強調した。形式的な性格が強いものも多かったが、「国家」としての形式にとことんこだわったのには理由があったのである。

岩畔機関から光機関へ

ボースが南方での活動を活発化させるなか、日本軍側のインド関係部門の体制も変わっていった。当初「Ｆ機関」として始まったインド工作組織は「岩畔機関」に移行し、ＩＮＡとともに幅広い活動を展開するようになっていった。要員は当初二五〇名余りだったのが、時とともに五〇〇人規模にまで膨らみ、シンガポールの本部以外にもビルマやタイ、マラヤ等に支部が置かれた（中野校友会編『陸軍中野学校』p.409）。

しかし、岩畔機関とＩＮＡ・ＩＩＬの関係は必ずしも良好とは言えなかったようだ。チャンドラ・ボースの甥の息子で、ハーヴァード大学教授のスガタ・ボースは、岩畔機関について「短期的な軍事目標のためだけに動くスパイ機関のようだった」、「日本側中堅士官の傲慢で高圧的な態度はインド側の軍と政治指導部をいら立たせた」と手厳しい評価を下している（Sugata Bose, *His Majesty's Opponent*, p.242）。実際、ＩＮＡ司令官のモーハン・シンやＩＩＬ指導部は、東京やバンコクの会議で採択した決議に日本側はまともに回答していない、自分たちは日本軍の傀儡《かいらい》にはなりたくないとして、不信感を強めていた。ラーシュ・ビハーリー・ボースはＩＩＬ総裁として双方の融和に腐心したが、なかなか溝は埋まらなかった。これは、藤原岩市はじめ日本軍側とインド側の意思疎通ができていたＦ機関時代とは対照的だった。個人間の信頼を基盤にしていた異なる組織間の関係が、規模の拡大や人の入れ替わりに伴って変質するということは起こりうることだろう。ここで生じた事態はまさに典型例と呼ぶべきものだった。Ｆ機関の発展的解消に伴い、藤原岩市は南方軍参謀に転出した。岩畔機関になってからも彼を残すか、せめて何らかの形でインド施策に関わらせることができれば――新たな任務はスマトラ工作だった――、その後の展開もまた違ったものになっていたのではないかと思われる。

こうした経緯もあって、チャンドラ・ボースがＩＩＬとＩＮＡを掌握したのに合わせ、工作組織の機関長が岩畔から山本敏大佐（のち少将）に代わった。在独大使館付武官としてベルリンでボースと接触を重ね、信頼関係を築いてきた経験が買われたのだった。名称も「光機関」へと改められた。「光は東方より出づる」というメッセージを込めるとともに、ヒンディー語で縁起の良い意味をもつとされる「ピカリ」をかけたものだった。

ところが、わずか半年後の一九四四年一月七日には、再び機関長の交替があった。二代目の機関長に就任したのは磯田三郎中将である（このときは初代機関長の山本も機関に留まり、高級参謀として参謀長的役割にまわった）。磯田は英語が堪能で、在メキシコ公使館や在米大使館で陸軍武官を務めた陸軍の国際派だった。Ｆ機関を率いた藤原岩市が当時少佐だったことを考えれば、将官、しかも中将の磯田を起用したことからは日本軍にとってインド施策の位置付けが高くなっていたことがうかがえる。ただ、磯田とボースとの折り合いはいまひとつだったようで、ＩＮＡや自由インド仮政府と日本軍の連携がうまくいかないケースもあった。

光機関は何をしたのか

光機関は、ボースや自由インド仮政府との連絡が主な任務とされた。実際にはそれを越える幅広い活動を行ったことが見えてくる。

一九四四年から終戦まで機関長を務めた磯田三郎は、回想録で光機関の任務について、次の二点を挙げている。

一　帝国政府殊《こと》に大本営と自由印度政府及印度独立聯盟との連絡

二　日本軍特に南方軍、ビルマ方面軍及第十五軍と印度国民軍との連絡

（「磯田三郎中将回想録」）

つまり、日本側とボース率いる自由インド仮政府およびＩＮＡの連絡役ということになる。もちろんこれ自体も重要な役割だが、光機関の活動は単なるメッセンジャーの範疇《はんちゅう》を超えて、多方面にわたっていた。それは磯田自身も回想録に示している光機関の組織編制からも見て取ることができる。機関長の磯田の下には、参謀部、副官部（機関長の秘書官的役割および総務）、通信班、政務部（仮政府およびＩＩＬの政務・宣伝に関する連絡）、軍事部（ＩＮＡとの連絡）、経理部、軍医部、兵器班が置かれていた（『磯田三郎中将回想録』）。

さらに、後述する陸軍中野学校についての資料では、山本機関長時代には「情報班」や「特務班」があり、磯田の時代にも参謀部の下に「情報」と「特務」担当が置かれていたと記されている（『陸軍中野学校』pp.443-444, pp.449-450）。つまり、情報収集や秘密工作も扱っていたのである。

光機関は南方各地に支部や出張所を置き、インド関連任務に当たらせていた。本部と同様、時期によって違いがあるが、一九四三年後半の山本機関長時代の状況を見てみよう。本部直轄《ちょっかつ》の出張所として、ペナン、バンコク、サイゴン（現ホーチミン市）に拠点があった。これとは別に、ビルマには独立した支部が置かれていた。「支部」とは言うものの、支部長の下に「情報」、「特務宣伝」、「軍事」、「経理」といった班があったほか、アキャブ、カレワ、ホマリン、ミートキーナ（ミッチーナー）、メイミョーに出張所を配置するといった陣容だった（『陸軍中野学校』pp.443-444）。国境の西に控えるインドをにらみ、最前線で活動を展開する重責を担っていたのである。

ビルマ支部長は、岩畔機関時代の支部立ち上げ時から北部邦雄陸軍中佐（のち大佐）が務めていた。北部は華北政務委員会の軍事顧問をしていた一九四二年五月末に南方軍総司令部附を命ぜられ、翌六月に岩畔機関入りした（北部邦雄「思い出と反省――ビルマ・インド独立運動の記――（一）」）。彼は戦後の回想で、ビルマ各地の分派機関（出張所のこと）の任務について、次のように振り返っている。

> 「印度に対する諜報、謀略、宣伝担当、正面に於ける印度人の指導、懐柔、兵要地誌の調査、工作員投入の為の援助所在、日本軍との協調連絡等の任務を与えた」（北部邦雄「思い出と反省――インド独立運動の記――（二）」）

自由インド仮政府やＩＮＡとの連絡役から情報収集や謀略、国境地域住民の懐柔まで、光機関の役割は多岐にわたったが、そうした任務を遂行する機関員のバックグラウンドもまた多彩だった。

岩畔機関着任時にバンコクの本部を訪ねた北部邦雄は、先に引用した回想で「実業家、商売人もおれば外務省の官吏、画家、写真技師から当時の代議士（小山亮《こやままこと》、高岡大輔、現《マ》代《マ》議士）軍人も皆優秀な人ばかりで、各方面の人材が集っているのには一驚を吃した」と当時の状況を振り返っている。岩畔の顔の広さがものを言ったようだ。

こうしたなか、岩畔機関時代から組織の中核を担う人材を多数輩出した陸軍の機関がある。中野学校だ。同校は諜報戦や遊撃戦（ゲリラ戦）、宣伝戦に対応するべく一九四〇年に創設されたのだが（前身の後方勤務要員養成所は三八年創設）、三七年にその原点となる提案を参謀本部に行ったのがほかでもない岩畔だった。インテリジェンスの訓練を受けた中野学校出身者にとって、岩畔機関や光機関は学んだ成果を存分に発揮できる絶好の舞台だったのだろう。

戦後に同校出身者がまとめた『陸軍中野学校』という校史的な本には、光機関に在籍した中野学校出身者の一覧が掲載されている。そこには岩畔や山本も含め、全部で一三二名の名前が記されている（『陸軍中野学校』pp.486-488）。ただ、この一覧には編集時点で死亡した者についての情報も載っているのだが、インパールやアキャブ、ビルマ各地等で戦死・戦病死した者は四二名にも上っている。実に三分の一近くが命を落としたことになり、任務の過酷さに改めて驚かされる。

光機関には「大川塾」からも卒業生が数多く派遣されていた。正式には「東亜経済調査局附属研究所」という教育機関で、所長が大川周明だったことから「大川塾」という通称で呼ばれている。一九三八年に創設され、中学校・商業学校（現在の高校、商業高校に相当）の卒業生を対象として、練習生（学生）の募集を開始した。修学年限は二年間で学費は無料、卒業後は海外に派遣されて学校が指定する公的機関や企業に一〇年間勤務することが求められた（玉居子精宏『大川周明　アジア独立の夢』p.20）。

母体である東亜経済調査局が南方を調査対象としていたため、大川塾も南方関連で活躍できる人材育成を念頭に置いていた。とくに重視されたのは語学教育だった。カリキュラムには英語やフランス語、オランダ語といった西洋の言語に加え、ペルシャ語、ヴェトナム語、タイ語、マレー語、ヒンディー語の授業があり、専攻言語によって班が分かれていたという（玉居子前掲資料pp.41-42）。

大川塾卒業生は、岩畔機関や光機関の各分野で活躍した。インパール作戦で光機関が派遣した工作隊の一員として英印軍インド兵への投降呼びかけや地元住民の懐柔活動に取り組んだ者もいれば、機関本部でインド植民地政府のラジオ放送傍受班の統括をしていた者もいた（玉居子前掲資料、第五章）。一期生の伊藤啓介のように、タイ南部のシンゴラ領事館に勤務していたところ、藤原岩市と出会ってF機関に移ったという、インド工作の草創期から関わったケースもある。

ボースの秘書を務めた商社マン

光機関には民間企業出身者もいた。

三菱商事社員の根岸忠素は、岩畔機関時代から加わったひとりだった。根岸は同社のカルカッタ支店で六年、上海支店でも三年勤務するなど、海外経験が豊富な商社マンだった。一九四二年三月に日本軍がビルマのラングーンを陥落させた直後、根岸は支店を開設せよとの社命で現地入りする。そこでの業務で軍との接点ができ、岩畔機関に入ることになったという。自分以外にも、三井グループと日棉グループからもひとりずつ徴用があったと根岸は記している（根岸忠素「ネタジに近侍した頃の思出」）。

チャンドラ・ボースが日本側に合流すると、根岸は彼のリエゾン・オフィサー的な役割を任されることになった。筆者はご子息の根岸素行氏に話を聞いたことがあるが、根岸は英語に堪能だったことから、白羽の矢が立ったと語っていた。根岸はボースがスマトラ西北端のサバン島に上陸した際に出迎えた日本側三人のひとりにもなった。その時からインパール作戦に合わせてボースがビルマに移るまでの間、それに終戦間際の時期、彼と身近に接することになった。

当の根岸は戦後、「ボースの日本人秘書」だったことを度々《たびたび》持ち出されるのに閉口して、自分は「ボトル・ウォッシャーにすぎなかった」と言って繰り返し否定したという。「ボトル・ウォッシャー」は英印軍で「当番兵の助手」を意味する言葉で、いわば雑用係といったところだろう（根岸前掲資料）。これはさすがに謙遜しすぎで、ボースと誰よりも近い距離で接し、彼の性格をもっともよく知る日本人だったという点で根岸の存在は貴重だった。

たとえば、ボースのもとには連日さまざまな来訪者があったが、見送りの際にある「峻別」があったという。会見が終わるとボースは自ら玄関まで行って客人を見送るのが常だったが、先方の身分や地位に関係なく、根岸にだけ見送りに行かせる相手もいた。また、細やかな気遣いを欠かさないところがある一方で、自分が日本側から格下に扱われるような場合には怒りを露わにし、断固として拒否したという。これはボース自身のプライドにかかわるものというよりも、自由インド仮政府の地位に直結する問題だったからだろう。側で仕える者にしかわからないボースの人となりや思考をつぶさに見てきたのが根岸だったのだ。

岩畔機関に加わった僧侶

アラカン地方では、岩畔機関の時からアキャブに支部が置かれ、情報活動が行われていた。一九四二年末からは英印軍が第一次アラカン作戦を発動し、日本軍も三一号作戦で対抗し激戦が展開されたことはすでに述べた。

ここで重要な役割を担ったのが、日本山妙法寺《みょうほうじ》の僧侶たちである。

日本山妙法寺は藤井《ふじい》日達《にったつ》という僧侶が一九一八年に創始した日蓮宗系の仏教団体だ。団扇太鼓を叩きながら行進するというスタイルの布教活動で知られている。藤井は三一年に渡印。三三年にはマハートマ・ガンディーと出会い、非暴力主義に傾倒するようになるなど、インド民族運動とのつながりを深めていた。

その藤井に、陸軍参謀本部から連絡があった。彼の自伝『わが非暴力』によると、当時大和の吉野山に滞在していた藤井に上京を要請したのは岩畔だったという。詳しい時期こそ明示されていないが、桜が咲く季節だったというから、岩畔がインド工作にかかわり始めたタイミングと合わせて考えると一九四二年三月か四月のことだろう。

岩畔らはインドとパイプのある藤井の協力を取り付けたい考えだったが、当の藤井はインドを武力で制圧することには賛成できないという立場で、こう言い放ったという。

「インドが武力一辺倒で治まると思ったらとんでもない間違いだ。たとえ最初のうちはうまくいっても、あとからかならず崩れる。(中略)この戦争は最後には失敗するだろう。宗教なしにインドを治めようとしても、それは木によって魚を求めるようなものだ、そんなやり方でガンジーを中心とするインド民衆を暴力的に強迫しようとしても、成功しっこない、この戦争は、よほど考えないとかならず行きづまります」

(藤井日達『わが非暴力』p.172)

率直な藤井の発言に、同席した若い参謀のひとりが激昂して「こんな坊主斬ってしまえ」と言ったというが、岩畔がとりなしてなんとかその場を収めたという。第二章で見たように、岩畔自身はインド進攻に際しては軍事作戦だけではなく政略とセットでやるべきだという考えの持ち主だった。藤井自身も、「インド民衆のある部分が、日本がやってくればイギリスを追い払うのだから、日本を助けようという気持を抱いていたことは確かだったと思います」（藤井前掲資料p.172）という認識はあった。しかし、ガンディーに共鳴していた藤井からすれば、日本軍の対インド方針は軍事一辺倒に映ったのだろう。

結局、藤井自身は軍に参加しなかったが、弟子を印緬国境地域に派遣することには同意した。どのような経緯で、非暴力を掲げる藤井と陸軍のあいだに合意がなされたのかはわからない。日本山妙法寺で白羽の矢が立ったのは丸山行遼という僧（「丸山上人」と呼ばれていた）で、軍属として岩畔機関に加わることになった。派遣されたのは、アラカン地方のアキャブ出張所だった。

日本の対ムスリム工作

「アラカン」というのは当時の呼び方で、現在ではミャンマーのラカイン州になっている。世界の耳目を集めるロヒンギャ難民問題の震源地だ。ミャンマーでは人口の大半が仏教徒だが、ラカイン州では様相が異なり、ムスリムが占める割合が大きい。バングラデシュとの国境に近いマウンドウやブティドンのように、住民の半数以上がムスリムという地区もある。こうした民族状況のもと、ムスリムであるロヒンギャが軍や警察から迫害を受けたことが発端で難民化し、隣接するバングラデシュに避難する状況が長期化している。

戦時中も、アラカンではこの微妙な宗教バランスが重要なファクターになった。日本軍がビルマ平定作戦を進めるなか、アラカンではビルマ独立義勇軍（BIA）が先に現地入りしていた。日本軍は約一か月後の一九四二年五月に到着するが、それまでの間は明確な統治者が不在の状態が生じ、中部で仏教徒がムスリムの村を襲撃し、多くの死傷者が出る事態をもたらした。

一九四二年末に英印軍が第一次アラカン作戦を実施した際には、今度は北部でムスリムが仏教徒を襲撃する事態も起きている。Vフォースの協力要請に応じ、偵察や情報収集、破壊活動を行ったムスリムもいた（中西嘉宏『ロヒンギャ危機』pp.52-54）。

丸山がアキャブに派遣されたのは、こうした背景を踏まえて、現地の仏教徒を味方につける必要があると岩畔機関が判断したからだろう。有《あ》り体《てい》に言えば、彼を「利用」しようとしたわけだ。しかし、日本山妙法寺のほうは、トップの藤井が日本軍に批判的だった。

にもかかわらず、丸山はなぜ岩畔機関への参加を受け入れたのか。丸山本人は戦後になっても当時の心中について語ってはいない。しかし、彼と行動をともにした今井行順は、「丸山上人が岩畔機関に入ったことは、たしかに失敗だった」と認めた上で、「軍の機構を積極的に活用して、上人独自の判断で印度に貢献することを決意された」と説明している（今井行順『アラカンに轟く太鼓』pp.132-134）。ある意味、双方は思惑を異にしながらも、お互いに割り切って実利を優先したと言えるだろう。

結果的には、丸山の起用は岩畔機関にとって「吉」と出た。宗教がらみのある「事件」が一九四三年一月に発生した際、丸山が真価を発揮したのだった。一歩扱いを間違えれば大問題に発展しかねない性質のものだったが、窮地を救ったのが彼だった。ただ、興味深いことに、そのときの「宗教」とは仏教ではなくイスラームだった。以下、今井行順の『アラカンに轟く太鼓』（pp.239-252）にもとづいてその経緯を紹介することにしよう。

アキャブにはスルタン・マホメット〔ムハンマド〕という「大ボス」がいたが、その彼を前出の丸山行遼は掌握することに成功した（ちなみに、当の丸山は「回教が大嫌いな人」だったという）。ところが、一九四三年一月のある日、日本軍の憲兵隊がスパイ摘発のため、そのスルタンの部落にいきなり踏み込んだ。検挙されたムスリムは一七人に上った。憲兵隊は見せしめにこの一七人を処刑する方針だと聞いて、丸山は焦った。処刑が現実のものになれば、アラカンのムスリムが一斉に日本に反発することは明らかだったからだ。しかし現地の憲兵隊長の姿勢は頑《かたく》なで、むしろ検挙後にスルタン部落のムスリムが日本軍に従順になったと得意顔をする有様だった。

こうしたなか、着任したばかりの岩畔機関アキャブ出張所長、服部新吾大尉——彼も中野学校出身者だ——が丸山の要請を受けて助命嘆願に動いた。しかし、一七人のムスリムはラングーンに移送されていたため、アキャブだけで事態は解決しない。そこで服部は岩畔機関ビルマ支部長の北部にラングーンの憲兵隊長に掛け合ってもらうことにし、処刑予定日の前日というギリギリのタイミングで釈放が実現した。

ちょうどこのときは英印軍の第一次アラカン作戦、日本軍から見れば三一号作戦（第一次アキャブ作戦）が始まった時期と重なっていた。前章で見たようにこのときは日本軍が英印軍を跳ね返したのだが、もし仮に一七人の処刑が実行されたとしたら、どうなっていただろうか。現地ムスリムの対日感情は急速に悪化しただろうし、アキャブのみならず戦闘が行われたアラカン中部や北部でも彼らの協力を取り付けるどころか、攻撃さえ受ける事態に発展しかねなかったことは想像に難くない。その危機を間一髪のタイミングで救ったのが岩畔機関だったのである。

岩畔機関にいた唯一の日本人ムスリム

日本軍が仏教徒を、英印軍がムスリムを利用したことで、アラカン住民の宗教的分断がさらに深まることになったという指摘がある（中西『ロヒンギャ危機』p.53）。アラカンの仏教徒とムスリムの対立は近現代史のなかで蓄積されていったものだが、イギリスと日本がこの地に入ってきたことで事態をいっそう深刻化させたという側面があることは否めない。

ただ、日本軍について言えば、仏教徒への関与一辺倒だったかというと、そうではなかった。丸山が仏教僧ながらムスリム対策で成果を挙げたことは既に述べたが、その後、岩畔機関アキャブ出張所にはもうひとり宗教的なバックグラウンドを持つ人間が加わった。萱葺信正《かやぶきのぶまさ》という日本人ムスリムで、彼は英印軍インド兵の切り崩しのみならず、現地住民対策にも取り組んでいったのである。

萱葺は一九三八年に東京・代々木のモスクでイスラームに入信し、モハメッド・イブラーヒームというムスリム名を得た。翌三九年には、世界最古の大学のひとつであるカイロのアズハル大学に留学した。留学中には同大の先輩日本人留学生二人とともにメッカに巡礼したばかりか、その際に「サウジアラビア建国の父」と称されるアブドゥルアズィーズ国王にも謁見している（片山廣「萱葺信正（モハメッド・イブラーヒーム）物語」。萱葺に関する以下の記述も同様）。

そうした最中、日本軍が真珠湾攻撃を行い、対米英戦を開始したとの報せが入る。当時のエジプトはイギリスの保護国だったため、萱葺は「敵性外国人」として当局に収監されてしまう。幸いにして日本公使の働きかけによって翌日には解放され、一年近くを公使館で過ごした後、一九四二年末頃に日英交換船で帰国することができた。

しかし、数少ない日本人ムスリム、それも留学経験がありアラビア語もできるとあって、萱葺の存在は岩畔機関の目に留まることになった。萱葺自身の回想では採用時の詳しい経緯は語られていないが、カイロから帰国する際の船旅でシンガポールに立ち寄ったとあり、この時同地を本部にしていた岩畔機関と何らかの形で接点ができた可能性が考えられる。萱葺は入隊を決意し、一九四三年初めにはシンガポールに赴いた。

岩畔機関の意図は、ムスリム住民が多いアラカン地方で現地住民対策に当たらせることだった。萱葺はさっそくアキャブから北上し、ブティドンとマウンドウ地区に進出した。

アキャブ地区では岩畔機関の左分班という組織があったが、中野学校出身の中尉が転出した後は萱葺が後任となり、「五〇名余のインド人工作隊を率いて各地に転戦した」という。

萱葺は英印軍のインド人兵切り崩しに取り組んだが、マレー半島で藤原岩市がやってみせたのと同じようにはいかなかった。制空権を握る英印軍はアラカンでも空爆を行い、萱葺も含め日本軍は厳しい状況に置かれることとなった。しかし、住民に対する宣撫活動では成果が現れはじめていたようで、「現地人のインド人ムスリムは従来の非協力的な態度を改めて、心から協力的になってきた」と萱葺は述懐している。さらに、日本軍が発行する軍票の流通が広がると、コメの入手が可能になった。これを活かして萱葺らは英印軍の動静に関する精度の高い情報を入手し、日本軍側参謀が情勢判断をする際の材料として提供したという。

一定の成果を生んだ光機関

岩畔機関を受け継いだ光機関は、チン丘陵やナガ丘陵でも情報収集や現地住民の懐柔工作を展開した。一九四三年後半になると日本軍はインパール作戦を実施する方向に傾いていくが、そうしたなかで印緬国境地域に関する情報のニーズは格段に高まった。しかし、前章で記したように、ここは英印軍側のチン丘陵部隊やVフォースが活動する地域でもある。したがって、任務の遂行には大きな困難が伴った。光機関ビルマ支部長の北部邦雄は、当時の現地の状況について次のように述懐している。

「カレワホマリン等の対抗正面は重畳《ちょうじょう》たる山岳地帯で其間に山間民族が居住しているが、一村一村言語が違うので、此等に対する工作は大変な時間と努力がいる。英国側も特務機関を配置し、各部落の懐柔に努め、各村の青年を集めて『Vホース〔フォース〕』と云う部隊を編成して、我工作員や諜者の潜入を妨害する。而も野象の群虎豹大蛇毒蛇等の横行する地帯と来ているので、此等分派機関の将校以下の苦労は筆舌につくすことができない」（北部「思い出と反省――インド独立運動の記――（二）」）

過酷な環境かつ熾烈《しれつ》な競争下ではあったが、それでもインパール作戦開始時には「大部の山間民族を懐柔し、我方に協力せしめ、作戦に必要な兵要地誌的調査も大略出来た」というから、印緬国境地域で光機関が欠かせない役割を担っていたことがうかがえる。

「『マニプール』人の習慣に対する心得」という、「軍事極秘」のスタンプが押された文書がある（防衛省防衛研究所所蔵）。光機関のカレワ出張所の調査報告を基礎に取りまとめたものという説明が冒頭にあり、北部のいう「兵要地誌的調査」の成果の一部と言えそうだ。作成の日付は一九四四年一月二〇日となっており、約一か月半後に迫ったインパール作戦を見据えて現地の状況を軍内で共有しておきたかったように見える。

この文書では、マニプルの民族比率に始まり、ヒンドゥー教のカースト制度や宗教上払うべき配慮、食事上の習慣、女性に対する注意点、言語上の注意点などが一〇ページにわたって簡潔にまとめられている。ただ、疑問点がなくもない。牛はヒンドゥー教にとって神聖な動物であり、彼らの面前で殺すことは絶対にしないよう注意を喚起している。しかし、牟田口廉也司令官が発案したという、山岳地帯の移動に際しては牛に荷物を運ばせ、用が済めば食糧にせよという、いわゆる「ジンギスカン作戦」についてはどう理解すれば良いのだろうか。現地住民の目に触れなければ差し支えないと考えたのかもしれないが、人づてに噂が広がりかねないのではなかったか。

「民家には（特種な場合を除き）絶対に入るべからず」との記述もあるが、日本兵が撤退時に民家を訪ねて食糧を求めたという事例は、多くの手記や回想に出てくる。この文書が想定しているのはインパール平原の住民なのかもしれないが、宗教についてはヒンドゥー教だけしか取り上げられておらず、山間部の住民にはクリスチャンが多いことについては言及がないのも気になる（ナガ丘陵やチン丘陵については別途資料を作成していた可能性も排除できないが）。

日本軍はラングーンでもナガ族工作に取り組んでいた。正確な時期は定かではないが、アンガミ・ザプ・ピゾという当時三〇歳だったナガ族の民族主義者にアプローチし、インパール作戦に際してナガ丘陵方面での協力を取り付けることに成功した。作戦成功の暁には、ナガ族の独立が約束されたという（Ramachandra Guha, *India after Gandhi*）。

ピゾにナガ独立のオファーをしたのは誰なのだろうか。日本側の資料でこれを裏付けるものはないため推測するしかないが、ラングーンであれば光機関ビルマ支部の活動範囲ということになる。ただ、インド北東部の一部族に対してとはいえ、光機関だけで「独立付与」を軽々しく言えるのだろうかという疑問もわく。チャンドラ・ボースがこれを了解していたかもわからない。インドの一体性にこだわっていたボースにしてみれば、独立を容認することはないように思える。日本軍が約束したのは「独立」というよりは「自治」に近かったのかもしれない。また、他のナガ族指導者で協力と引き換えに「独立」を持ちかけられたというケースも見当たらないため、軍としての方針というよりは、非公式な場で出た話にすぎない可能性も考えられる。

インド独立運動への関与は対米英戦が迫るなかで急浮上したファクターだったため、日本軍にはこの件はもとより、インドそのものについてすら情報が皆無に等しい状態だったことは既に述べたとおりだ。日本軍が南方で支配地域を拡大していくなかで、ＩＮＡが創設され、一時は瓦解寸前の状態に陥ったものの、チャンドラ・ボースが合流したことでアジアでのインド独立運動は強化されることになった。

こうした事態の変化に対応する形で、日本軍のインド工作組織も、Ｆ機関から岩畔機関、さらに光機関へと拡大を遂げていった。各機関の機関長や参謀には陸軍から優秀な軍人が起用されるとともに、各界の人材を総動員してシンガポールやビルマ、印緬国境地域等で活動を展開した。機関長の交代や日本軍の別組織との対立などもあったが、活動に着手してからの時間が短かったこと、英印軍も同様の活動を行ってきたことを踏まえれば、善戦したと言ってよいだろう。

そして、こうした活動の真価が問われる時が刻々と近づいていた――日本軍はいったん断念したインド北東部進攻作戦にふたたび取り組むようになっていたのである。

第五章　二人の将軍の「変心」

——日・英印双方の作戦計画

インパールに軍用車を空輸する英印軍

一九四三年、日本軍は太平洋戦線では米軍の反攻でじりじりと後退を強いられていた。アッツ島の守備隊が全滅し、それを大本営が「玉砕」として国民に発表したのは五月末のことである。日中戦争は泥沼化し、展望が見いだせない膠着《こうちゃく》状態が続いていた。

枢軸国陣営の状況も芳しくなかった。ドイツ軍はスターリングラードの戦いで大敗を喫し、その後も西方への進撃を続けるソ連軍の前に苦戦を強いられていた。イタリアではベニート・ムッソリーニが失脚し、後継のピエトロ・バドリオ政権が連合国に休戦を申し入れた。この結果、枢軸国は実質的に日独二か国だけになってしまった。

閉塞感が強まるなか、日本軍が形勢逆転の可能性を見出そうと目を向けた場所があった。インドである。「二一号作戦」が事実上中止されたことでインド進攻論に対する支持は一時低くなっていた。しかし、近い将来に連合軍のビルマ反攻が予想されるなかで、ならば機先を制するべきだと、インド北東部進攻計画が復活する。「インパール作戦」である。インド国民軍と自由インド仮政府を率いるチャンドラ・ボースもこれに乗った。

一方の英印軍では、第一四軍司令官のスリムが、日本軍にどう対処するかについての重大な決断を下した。この新方針にもとづいて、英印軍は戦闘前の最後の準備を整えていく。

本章では、日本軍とインド国民軍、そして英印軍が「東のスターリングラード」に向かっていく最終段階について取り上げていくことにする。

盧溝橋事件当時のコンビが復活

一九四三年三月二七日は、陸軍の南方戦線で重要な意味を持つことになる日だった。南方軍のもとに「緬甸《ビルマ》方面軍」が新設されたのである。ビルマに展開する第一五軍、第二八軍（四四年一月に編制）、第三三軍（四四年四月に編制）等を統括する方面軍だ。司令官には、河邊正三中将が充てられた。

三月一八日、第一五軍でもトップの交代があった。それまで司令官を務めていた飯田祥二郎中将が防衛総司令部付に転出。後任に就いたのは、第一八師団長の牟田口廉也中将だった。

河邊と牟田口は、過去にも中国で上官と部下の関係だったことがあった。一九三七年七月七日の盧溝橋事件のときである。牟田口は支那駐屯歩兵第一連隊長で、事件当時は現場で警備司令官代理の立場にあった。盧溝橋付近で日中両軍による銃撃戦が発生したのを受けて、牟田口はいったんは事態を沈静化させようとした。しかし翌日に部隊が中国軍側から再び銃撃を受けたため、戦闘を許可する決定を下す。現場の動きと並行して北平（現北京）で協議が行われ、日中は停戦に合意する。ところが、またもや現場で中国側が砲撃を加えてきたため、牟田口はこれ以上の我慢は無用とばかりに応戦を命じた。

このとき、支那駐屯歩兵旅団長、つまり牟田口の上官だったのが河邊だった。彼は秦皇島を視察中だったが、事件発生の報せに接し、駐屯地が置かれていた豊台に急行した。河邊は牟田口と相対するが、戦闘停止を命じるわけでもなく、ただ無言のままだったという。

牟田口を取り上げた評伝『牟田口廉也「愚将」はいかにして生み出されたのか』で、広中一成は盧溝橋事件発生の責任について、「前線での〔中国軍〕第二十九軍の挑発的射撃と、それに反撃命令で応える牟田口、さらには、部下である牟田口を制御できず、不拡大方針を徹底できなかった河邊にも求めることができよう」と指摘している（pp.108-109）。猪突猛進する牟田口と、それを黙認してしまう河邊。この時点では両者とも知る由はなかったが、盧溝橋事件は日中全面戦争に発展し、さらには対米英戦の原因にもなっていく。日中戦争も対米英戦も、河邊と牟田口だけの責に帰すべきものではない。しかし、このときの二人の対応が支那派遣軍のみならず、日本にとっても計り知れないほど大きな意味を持つものだったことは確かである。

このときのコンビが五年半あまりの時を経て復活した。しかし、舞台は中国ではなくビルマの地だった。河邊は盧溝橋事件後も中支那派遣軍参謀長や第一二師団長、第三軍司令官と中国や満洲での勤務が続き、ビルマ方面軍司令官に転出する前までは支那派遣軍総参謀長を務めていた。

これに対し、牟田口は第一八師団長としてマレー半島攻撃やシンガポール攻略で勇名を馳せた後、ビルマ平定作戦に参加。作戦完了後もひきつづきラングーンに駐屯していた。第一五軍司令官になったとき、彼は上級司令官のなかでもっとも長くビルマに駐屯する軍人のひとりになっていたのである。インパール作戦の策定過程で、牟田口はあとから着任した参謀長や参謀、師団長の慎重論に耳を貸そうとしなかったが、そこには「ビルマのことをいちばんよく知っているのは自分だ」という自負があったことだろう。

牟田口廉也の「変心」

第一五軍を率いることになった牟田口は、現状の態勢ではビルマを防衛できないのではないかと焦慮の念を強めていた。インド北東部からは英印軍が、雲南からは米軍の支援を受けた中国軍が反攻の機会を虎視眈々とうかがっていた。戦局全体を見ても、快進撃を続けた前年とはうって変わって、一九四三年になってからは守勢に立たされるようになっていた。本章冒頭で記したように、ドイツが対ソ戦で苦戦を強いられ、イタリアは離脱と、枢軸国陣営としても状況は厳しさを増していた。

こうしたなかで、牟田口はインドに進攻することで戦局を変えられるはずだと強く信じるようになった。それは、彼なりの「責任感」から生まれたものでもあった。戦後の手記で牟田口はこう振り返っている。

「わたしは蘆《ママ》溝橋事件のきっかけを作ったが、事件は更に拡大して支那事変となり、遂には今次大東亜戦争にまで進展してしまった。もし今後自分の力によってインドに進攻し、大東亜戦争に決定的な影響を与えることができれば、今次大戦勃発の遠因を作ったわたしとしては、国家に対して申し訳が立つ」（『戦史叢書　インパール作戦』pp.90-91）

第二章で見たように、インド北東部進攻を企図した「二一号作戦」が検討された際、第一八師団長だった牟田口は補給上の制約を挙げて反対した。このときの対応について、牟田口は後悔していたという見方がある。彼は軍司令官の飯田祥二郎から計画について意見を聞かれた際、それは第一五軍の発案だと考えていた。大本営の指示によるものだったと知ったのは後のことだった。大本営の意図は、天皇陛下の意図である。自分は計画に反対することで、陛下の意図に背いてしまったのではないか、さらに言えば、戦意を疑われることになってしまったのではないか――牟田口はそう考えたのだという（高木俊朗『抗命　インパール2』）。

その彼がビルマ方面軍の主力で、印緬国境に近い地域に展開する第一五軍の司令官になった。かつての過ちを正す絶好のチャンスがめぐってきた、いまこそ弱腰でなく果断に行動すべきだ、と彼が考えたとしても不思議ではない。一九四三年四月中旬には第一五軍司令部がラングーンから中部のメイミョーに移った。この時点ではあくまで防衛が目的であったが、印緬国境地域に近づいたことで、インド進攻に寄せる牟田口の思いは強まりこそすれ弱まることはなかったことは想像に難くない。

牟田口はそもそもいつ頃からインド進攻論を考えるようになったのだろうか。三月三一日、河邊正三中将がビルマ方面軍司令官としてラングーンに着任した。翌四月一日にはさっそく第一五軍司令官になっていた牟田口から状況説明を受けているが、この時点ですでにインド進攻作戦の提案があったという（『戦史叢書　インパール作戦』p.91）。とすれば、第一五軍司令官に着任した時点ではもちろん、それ以前からインド進攻論を温めていたということになる。そのきっかけとなる事態が、第一八師団長時代に起きていた。

「チンディット」が日本軍に与えたインパクト

牟田口に「変心」をもたらしたのは、「責任感」や「悔悟の念」だけではなかった。第一五軍にとって本来の任務であるビルマ防衛という観点からも、彼はインパールへの進攻が必要と考えるようになったのである。

意外に思えるかもしれないが、ビルマの面積は日本の一・八倍で、フランスやスペインよりも大きい。しかも国土は南北に細長く、北は中国、西はインドと遠大な国境を接している。それでも防衛は可能と考えられていたが、その前提にはビルマ辺境に広がる複雑な地形があった。インド北東部から反攻が行われた場合について言えば、東から順にジビュー山系とチンドウィン河、ミンタミ山系が立ちはだかり、英印軍がこれを越えてくるのは容易ではないと見ていたのである。

しかし、その固定観念を打ち崩す事態が一九四三年二月に起きた。英印軍のオード・ウィンゲート准将率いる特殊部隊、「チンディット」（「ウィンゲート旅団」とも呼ばれる）の遠征である。部隊の名前は、ビルマ神話に登場する想像上の動物で、同国の仏教寺院の入口にその像が配置されている「チンテイ」（「チンテ」とも）から取られたと言われている。

特別な訓練を施された兵士約三〇〇〇人が国境を越え、チンドウィン河を渡り、長駆ビルマ北部に侵入。空輸による補給を受けながら、日本軍の背後に回り、ビルマ北部を縦断する鉄道の爆破をはじめ、種々の破壊・攪乱《かくらん》活動を展開する。任務を達成したら、再び国境を越えてインド側に戻る――「ロングクロス」と名付けられたこの作戦は、このような計画だった。

チンディット遠征隊の活動は三か月にわたった。このとき遠征隊の掃討《そうとう》に当たったのが、ビルマ北部の守備を担当していた第一八師団だった。当時の師団長は牟田口である。チンディットによる襲撃が行われたことで、ビルマ辺境の山河が必ずしも英印軍を阻むのに十分でないことが明らかになった。ビルマ防衛の前提が大きく揺らぐことになったのである。加えて、侮っていた英印軍兵士が、三〇キロを超える装備や携行食糧を背負い、最長で一〇〇〇マイル（約一六〇〇キロ）もの距離を移動したことも、牟田口にとっては衝撃だったことだろう。

遠征隊を率いたウィンゲートには、チンディットによって日本を刺激してインド北東部におびき出そうというねらいがあったわけではない。

当初、チンディット遠征は英印軍によるビルマ反攻の一部と位置づけられていた。ところが反攻作戦が先延ばしになったため、チンディットだけが単独で実施されることになったという経緯があった。しかし、英印軍の意図にかかわらず、日本軍、とくに牟田口は事態を重く受け止めた。このまま座視していては、チンディットよりもはるかに大きな規模で英印軍の本格的な反攻が行われるのではないか。ならば、逆にこちらから国境を越えて、相手の機先を制するべきではないか、と。彼は後年、次のように回想している。

「これは敵の反攻に先つ《ママ》て先手を打って我が方から打って出で、敵の反攻の本拠地であるイムパールを覆滅する方が最良の策であると決心するに至った。（中略）私をしてこのような決心をとらしめた動機は全くウィンゲート将軍がビルマ進入を決行せられた作戦にあると言わねばならぬ」（「ウィンゲート将軍の作戦について」）

牟田口の軍司令官着任と時を同じくして、かつて「F機関」を率いた藤原岩市も第一五軍に加わった。新たな任務は情報主任参謀だった。その藤原も、チンディット遠征隊が日本軍にもたらした影響について、「『ウインゲート』旅団の侵入に依って日本軍の此（ビルマ防衛）の思想は根本的に改変を要することとなった」、「此の侵入作戦は近い将来英印軍が中、北緬甸に対する大反攻作戦と関連を持つ準備作戦であると判断せられるに至った」とのちに記している（「一九四三年春英印軍『ウインゲート』旅団の北緬挺進作戦が日本軍に与えた諸影響」。牟田口との連名による文書）。

壮大なインド北東部進攻案

日本軍は一九四二年にビルマを平定したということになっていた。しかし、英印軍がチン丘陵やカチンで地元住民との協力のもと活動を継続していたことからもわかるとおり、実際には辺境地域までは支配が及んでいなかった。印緬国境付近では、日本軍の支配地域はチンドウィン河東岸までであった。そこで牟田口がまず考えたのは、第一五軍がチンドウィン河を越えて西岸に上陸し、防衛線を前進させる案だった（「武号作戦」と呼ばれる）。

この「武号作戦」について、牟田口は一九四三年五月下旬に実施したいと考えていた。雨季開始直前という時期だが、あえてこのタイミングを捉えて電光石火的に作戦を実施することで、英印軍による奪回を困難にしようというのが彼の意図するところだった。しかし、作戦準備に必要な期間が短いこと、作戦が雨季にずれ込んだ場合の対応、ジビュー山系以西の地域における補給をどうするか、といった課題が山積していた。加えて、各部隊はチンディット掃討作戦を終えてから間もない時期でもあり、疲労困憊していた（『戦史叢書　インパール作戦』p.96）。のちのインパール作戦にも共通するものばかりであり、牟田口の発想の特徴がよく表れていると言える。

　インド進攻が持論になっていた牟田口からすれば、武号作戦は控えめな内容だった。しかし、これですら幕僚からは疑問の声が上がった。その代表格は第一五軍参謀長の小畑信《おばたのぶ》良《よし》少将だった。彼は幕僚会議を開き、補給面の観点から武号作戦は実施不可能との結論をまとめた。小畑は輜重兵《しちょうへい》出身で、こと補給については陸軍で権威と見なされる軍人のひとりだ。その彼が主導した会議だっただけに、その結論は重い意味を持っていた。

　しかし、牟田口はひるむことはなかった。彼は小畑以下幕僚を招集し、部下の姿勢を消極的と決めつけた上で、こう言った。

「ビルマでこの難局を打開し、前途に光明を見出す作戦は可能である。ビルマで戦局打開の端緒を開かねばならぬ。これがためには、いたずらに防勢に立っていてはいけない。第一この広大なジャングル地帯では防禦《ぼうぎょ》はなり立たぬ。（中略）わたしは、この際攻勢に出てインパール付近を攻略するのはもちろん、できればアッサム州まで進攻するつもりで作戦を指導したい。従って今後は防勢的な研究を中止し、攻勢的な研究に切り換えよ」（『戦史叢書　インパール作戦』p.97）

チンドウィン河西岸どころか国境を越えてインパール、さらにはアッサムまで進攻するというのである。四月二〇日頃にメイミョーで行われた第一五軍として初の兵団長会議では、さらに具体的な作戦案が提示された。これを聞かされた各師団長はみな「唖然《あぜん》たる面持ち」で、第三一師団長の佐藤幸徳《さとうこうとく》中将――のちにコヒマからの撤退を独断で決行する将官だ――は「笑止の沙汰《さた》」と洩《も》らしたという（『戦史叢書　インパール作戦』p.99）。

光機関ビルマ支部長の北部邦雄は、一九四三年四月の時点では作戦計画について知らされていなかったかもしれないが、やはり反対の立場だったひとりである。彼は航空戦力が圧倒的に劣勢であることや雨季時の補給を問題視し、こう記している。

「本作戦は軍事的に見た場合は成立せない戦であるといって差支えない。即《すなわ》ち作戦開始当初に於《お》ける彼我の空中勢は十対一と云う劣勢である――五月から始まる雨期の到来を考えれば、作戦軍に対する補給は不可能であると判断せられていたのである。従って寧《むし》ろ敵が印緬国境の大山地を通過して来た処を叩きつぶした方が有利であったのである」（北部邦雄「南方に於ける思出と反省――インド独立運動の記――（六八）」）

河邊の曖昧な態度とラングーン兵棋演習

牟田口はインド進攻作戦を実現すべく、その後も積極的に動いた。四月下旬にビルマ方面軍司令官の河邊が高級参謀の片倉衷大佐とともにメイミョーを視察に訪れた際、インパール進攻をやらせてほしいという思いを強く訴えた。五月中旬に南方軍から総参謀副長の稲田《いなだ》正純《まさずみ》少将が第一五軍司令部に来た際も、同様の訴えを繰り返した。また、第一五軍内で反対派の急先鋒だった参謀長の小畑を五月下旬に更迭した。小畑は着任から二か月しか経っておらず、牟田口の逆鱗《げきりん》に触れたことは明らかだった。後任の久野村《くのむら》桃代《とうだい》少将は上官の牟田口を諫《いさ》めるタイプの軍人ではなかった。

河邊は牟田口の懇願を受けた際、まずは作戦計画を作成するよう求めた。詳細な計画を作り、提出するまでには時間がかかる。これにより、武号作戦について言えば五月下旬に実施することは不可能になった。他方、具体的なインド進攻計画を求められたことで、近い将来作戦が認可されるのではと牟田口は意を強くしたのではないだろうか。このとき河邊が作戦構想を断固として却下していたら、さすがの牟田口も再考することになったかもしれない。カギになるのは河邊がどう考えていたかになるが、彼はラングーンに着任する前、東京で東條英機から「戦局を打開してほしい」と言われていた。東條の指示を実行に移すのであれば、牟田口のインド進攻案は渡りに船だったとも言える。かといって、インパール攻略が本当に可能かと言われれば、手放しでゴーサインを出すわけにもいかなかったのだろう。前出の小畑参謀長が次の任地の満洲に転出する前、河邊に挨拶に行った際に牟田口の暴走を止めるよう釘を刺していたことも影響していたかもしれない。

六月下旬には、ラングーンのビルマ方面軍司令部で四日間にわたり兵棋演習が行われた。牟田口の第一五軍および隷下師団の参謀長はもちろん、関係師団の参謀長も参加した。大本営から竹田宮《たけだのみや》（恒徳王《つねよしおう》）参謀らが、南方軍からは稲田総参謀副長がそれぞれ出席した。

演習の結果、第一五軍がミンタミ山系内に進出すれば必ずや英印軍は反撃に出るだろうとした上で、「むしろ当初からインパール平地における敵の策源覆滅を作戦目的として自主的に進攻すべきであるとの結論に達した」（『戦史叢書　インパール作戦』p.107）。中途半端にやるくらいなら、一気にインドまで進攻するべきではないか、というわけだ。

この結論はインパール攻略を容認するものではあったが、出席者はそれぞれに異なる見方を抱いていた。統裁（審判役）を務めたビルマ方面軍参謀長の中永太郎《なかえいたろう》中将も稲田総参謀副長も、第一五軍の作戦構想には危険性が多いとして強く懸念を表明した。これに対し、牟田口にとってはインパール進攻の展望が開けたことは歓迎すべきことだったかもしれないが、それで納得できるはずもなく、あくまでアッサムまで到達することが最終目標だった。河邊はと言えば、牟田口の考えに理解は示しつつも、アッサム突進は決して容認できないという考えだった。より根本的には、防衛強化を目的としてインパール作戦をやるのか、それともより積極的な目的のために——牟田口が言うように「戦局打開の端緒」を開くために——やるのか、の対立でもあった。

この時点で見解の相違は明らかだったわけだが、その溝は最後まで埋まらず、作戦の進め方で混乱を来したばかりか、中止を決定するまでに遅延を招いた大きなファクターとなった。

大本営の受け止め

ラングーン兵棋演習以降も、インパール作戦に関する研究は南方軍、ビルマ方面軍、第一五軍でそれぞれ進められた。

こうしたなか、大本営から南方軍に対し、インパール作戦の準備に関する指示が下された。『戦史叢書　インパール作戦』によると、大本営のインパール作戦準備に関する指示の原文は発見されていないものの、研究の結果、「八月初め」と推定できるという（p.119）。これを受けて、南方軍からビルマ方面軍に、ビルマ方面軍から第一五軍にと準備が命じられた。

インパール作戦は「ウ号作戦」と呼ばれ、「〔ビルマ〕方面軍は（中略）重点を『チンドウイン』河西方地区に保持しつつ一般方向を『インパール』に向け攻勢をとり国境附近所在の敵を撃破したる後『インパール』附近策源を衝き爾後該地附近に在りて持久態勢に入る」こととされた（「緬甸方面作戦準備要綱」）。「重点を『チンドウイン』河西方地区に保持」とあるように、主眼は防衛線を前進させることにあった。ところが、そうは受け取らなかった者がいた。牟田口である。繰り返し指摘してきたように、彼の究極のねらいはアッサム進攻にあった。「作戦準備要綱」の文言はそうさせないために釘を刺したつもりだったが、表現に解釈の余地というか、曖昧さを残していた。チンドウィン河を渡ってしまえば、そこから先はどこでも「西方」ということになってしまう――それがたとえアッサムだとしても（第一五軍高級参謀だった木下秀明大佐の述懐〈『戦史叢書　インパール作戦』pp.122-123〉）。

一一月に入ると、作戦認可に向けたプロセスは終盤に入った。依然として反対論や慎重論も根強く残っていたものの、容認論や積極論もあった。たとえば、一〇月中旬に南方軍の稲田総参謀副長の転出を受けて、参謀本部第一部長の綾部《あやべ》橘樹《きつじゅ》中将が後任になったが、彼は「できることなら実行したい」という容認派だった。

メイミョーでは、一二月二二日から第一五軍司令部で兵棋研究があらためて行われた。インド進攻計画の認可が近づいていたからか、牟田口は意気軒昂で、出席した各師団参謀長に対し、「今回の作戦ほど必勝の信念がおのずから胸中にわきあがる思いをしたことはなかった。インパール作戦の必成いまや疑いなし」と語ったほどだった。

風呂場で決まった作戦計画

一九四四年が明けた。一月上旬、いよいよ大本営として「ウ号作戦」を決定するところまで来たが、最後の判断は首相兼陸相の東條英機に委ねられることになった。そこで、軍事課長の西浦進大佐が作戦を命じる参謀総長指示案を携えて官邸に行ったところ、東條は入浴中だった。至急の用件と伝えたので西浦は脱衣室まで通され、ガラス越しに作戦について説明したところ、東條は矢継ぎ早に六つの質問を発したという。

一、後方補給は大丈夫か。
一、牟田口の作戦構想は堅実性に欠けるところはないか。
一、劣勢な航空兵力しかないのに、敵の空地協力作戦に対して成算があるか。
一、インパール平野に進出した後に、更に兵力が必要となる虞《おそ》れはないか。
一、インド領内に防禦線を推進した結果、ビルマ一般の防衛上に不利を招くことはないか。
一、南部ビルマの海上から敵が攻撃して来た場合の対応策はできているか。

西浦はすぐに電話で参謀本部の作戦参謀と連絡をとり、東條の質問について照会したところ、「御心配無用」との言葉が返ってきた。その報告を受けた東條は書類に捺印をして、「浴槽問答」は終わった（伊藤正徳『帝国陸軍の最後3　死闘篇』pp.121-122）。

東條は戦局転換の可能性やチャンドラ・ボースとの関係から、インド進攻作戦に期待をかけてはいた。しかし、彼が発した六つの質問からは、実質的に軍を預かる身としては作戦の中身について不安が払拭《ふっしょく》できなかったことがうかがえる。補給や作戦の堅実性、英印軍の空軍力の評価等々、いずれも的を射た質問だ。それだけに気になるのは、参謀本部の回答に東條は本当に納得できたのかという点だ。「御心配無用」以上の説明があったかどうかについては不明だが、実際にはこの六点は「要心配」のものばかりだった。もしこのとき東條が入浴中ではなく、執務室で作戦の疑問点を徹底的に問いただすことができる状況にあったとしたら、彼は首を縦に振っただろうか。それとも、あくまで作戦実施を前提とした参謀本部の説明は楽観的なものに終始し、結論は変わらなかっただろうか。

いずれにしても、これで事実上、「ウ号作戦」の実施は決まった。一九四四年一月七日、大陸指第一七七六号が発出され、ついにインパール作戦が認可された。そこにはこう記されていた。

「南方軍総司令官は『ビルマ』防衛の為適時当面の敵を撃破して『インパール』附近東北部印度の要域を占領確保することを得」

これ以降、南方軍からビルマ方面軍、そしてどこよりも第一五軍は、インパール作戦に向けて急ピッチで準備に取りかかっていくことになる。

チャンドラ・ボースの悲願

日本軍がインパール進攻を決めたことは、チャンドラ・ボースにとってインドを武力解放するためのまたとない好機が訪れたことを意味した。

ボースは当初、海岸沿いに北上してチッタゴンを目指すべきだとの考えだった。チッタゴンはベンガル地方の主要都市のひとつで、ここまで来ればカルカッタまで直線距離で約三五〇キロ、道路ベースでは約五二〇キロまで迫ることができる。これは東京・大阪間に相当する距離だ。しかも、ベンガルはボースの本拠地と言える地域で、圧倒的な支持を誇っている。自分とインド国民軍（ＩＮＡ）がベンガルに進軍すれば、民衆はイギリス植民地政府を追放するべく一斉に立ち上がるはずだ——ボースにはそんな読みがあった。

しかし、既に見てきたように、日本軍が占領を目指すことにしたのはインパールだった。日本軍はアラカン方面で英印軍拠点を攻撃する計画（第二次アキャブ作戦）を一九四四年二月に予定していたが、これは英印軍の戦力を分散させることでインパールの守りを手薄にさせるという、「牽制作戦」の位置づけだった。

　インパールであってもインドへの進攻作戦であることに変わりはない。ボースはインド北東部進攻を日本軍とＩＮＡの共同作戦とすることを求めた。日本側もこれを受け入れたが、さまざまな課題が生じたのも事実だった。ＩＮＡの部隊をどう参加させるかにはじまり、指揮権の行使をどうするか、ＩＮＡ兵士が日本軍の軍律を犯した場合の対応、憲兵の権限などである。インド進出を見据え、自由インド仮政府は一九四四年一月七日にシンガポールからラングーンへと所在地を移したが、これに際してはビルマ政府が当初難色を示すということもあった。『戦史叢書　インパール作戦』は、日印共同作戦は「もっぱら政略的意義によるものであり、作戦的にはむしろ厄介な問題であった」と記しているほどだ(p.272)。

　ボースはラングーンに進出してすぐに、日印共同作戦の詳細について協議するため双方の幕僚からなる協議組織を立ち上げた。これにはビルマ国軍も加わり、国防相兼国防軍司令官のアウンサン――アウンサンスーチーの父だ――が出席することもあった。

　当時ＩＮＡは三個師団で構成されていたが、第三師団はまだ編制途中で、運用可能なのは第一師団と第二師団だけだった。両師団ともシンガポールに駐屯していたため、ビルマまで移動する必要があった。しかし、日本軍側は作戦に参加する第一五師団ですら移動に遅延を来していた状態だったため、ＩＮＡの移動支援は後回しにならざるを得なかった。日印両軍協議でもこの問題が取り上げられたが、ボースはなかなか進展が見られないことに不満を隠さなかったという。結局、第一師団だけが前線に送られることになった。

協議の結果、ＩＮＡのインパール作戦への参加は、三つの形態がとられることになった。ＩＮＡ第一師団の主力が日本軍第三三師団山本支隊と共同で、タムから国境を越えてインパールを目指すことになった。これとは別に、第一師団の一部はチン丘陵のハカおよびファラム地帯を突破する任務を与えられた。さらに、「バハードゥル・グループ」と呼ばれる「情報隊」や前線で英印軍インド兵に投降を呼びかける「特務隊」を設置し、日本軍の各部隊に配置した。ＩＮＡの各部隊には光機関の日本人機関員が配置され、日本軍との連絡・調整に当たった。

ボースが求めたのは共同作戦だけではなかった。日本軍とＩＮＡがマニプル各地を占領した後は、現地の行政は自由インド仮政府が担当するべきだと主張したのである。ビルマ平定作戦のとき、南機関がビルマ独立義勇軍に独立を約束していながら、結果的には日本軍による軍政が布かれた前例のような事態は受け入れられないという考えからだった。この点については、一九四四年一月三〇日付で南方軍が総参謀長名で次の指示を出した。

「『ウ』号作戦に伴う東部印度占領地の処理に方《あた》りては（中略）軍は取敢えず治安維持其の他直接作戦防衛上必要なる処理を講ずる外《ほか》は差当り在来の組織を利用して地方行政に任せしむると共に自由印度仮政府の進出に伴い成るべく速かに当該政府をして之を担当せしむ」（『戦史叢書　インパール作戦』pp.161-162）

これを受けて、ボースは占領地行政に当たる「自由インド部隊」（アーザード・ヒンド・ダル）を新設し、仮政府財務大臣のA・C・チャタルジーを長に任命した。また、占領地で流通させるルピー紙幣や切手の発行にも取りかかるなど、インド本土での行政実施に向けた準備も並行して進められていった。

英印軍の「三つのオプション」

日本軍がインド北東部進攻に舵を切った一九四三年後半、英印軍のほうでも重大な方針転換が行われた。

英印軍は、ビルマから撤退した一九四二年こそ日本軍のインド北東部進攻を恐れていたが、その可能性がひとまず遠のくと、ビルマ奪還を基本方針に据えた。第一四軍司令官のスリムも、この方針、つまり攻勢に出ることを想定した部隊の配置を進めていった。

インド側からビルマに進攻する第一四軍のうち、ビルマ奪還の主力部隊になるのはインパールに司令部を置く第四軍団だった。司令官ジョフリー・スクーンズ中将のもと、第四軍団は主に三個師団からなり、第一七インド師団はチン丘陵に、第二〇インド師団はジビュー山系とミンタミ山系の間を南北に走るカボウ谷地に配置された。第二三インド師団は国境に近いウクルルに配置した一個旅団を除き、予備部隊とされた。加えて、インパール近辺に複数ある飛行場にはスタンリー・ヴィンセント准将率いる第二二一飛行団があった。

このほか、アラカン方面には第五インド師団と第七インド師団が、ディマプル・コヒマ方面にはモンタギュー・ストップフォード中将の第三三軍団が配置されていた。

そうしたところに、スリムに戦略の再考を促す情報が次々に入ってきた。一九四四年三月以前にも第四軍団は印緬国境地帯に偵察隊を派遣し、日本軍と小規模な戦闘を各地で繰り広げてきた。その過程で収集した文書や日誌、地図、命令書からは、日本軍が攻勢を準備していることが浮かび上がってきた。また、ビルマ上空からの航空偵察でも、ビルマ中部からチンドウィン河への道路が建設されていること、同河東岸に大量の木材が集積されていること、ウユ河とチンドウィン河の合流地点付近にカモフラージュされた筏《いかだ》が準備されていること、さらには膨大な数の牛――ひとつの群に数百頭がいた――も集められていることがわかった。加えて、Ｖフォースからも、自動車や牛馬、さらには象までもが集められているとの情報がもたらされた。日本軍がインド北東部、とくにインパール占領を目指した作戦に出ようとしていることは明らかだった（Slim, *Defeat into Victory*, pp.333-334）。

日本軍との決戦が不可避になるなか、スリムが検討していたオプションは以下の三つだった。

（一）チンドウィン河を渡り日本軍に先制攻撃を仕掛けることで、相手の機先を制する

（二）日本軍第三三師団がチンドウィン河を渡ってきたところを、まだ渡河が完了していない段階で全力で攻撃し、ティディム地域を防衛する

（三）第四軍団をインパール平原に集中させ、自軍にとって都合の良い戦場で決定的な戦闘を展開する

（Slim, *Defeat into Victory*, p.335）

第一のオプションは勇敢さにあふれていたし、視察に訪れた上級士官からは「二個師団を投入してチンドウィン河の対岸に上陸させてはどうか」という声もあった。しかし、この提案を受け入れていたら、補給態勢が整った日本軍は英印軍の渡河地点に戦力を集中して容易に迎撃に出ることができるはずだとスリムは見ていた。ティディムやチンドウィン河西岸で戦う二番目のオプションにしても、補給の不安がなくなるわけではなかったし、何かしらの戦果を挙げられたとしても、それは喉から手が出るほど欲していた「決定的な勝利」にはならない——スリムはそう考えていた（Slim, *Defeat into Victory*, pp.335-336）。

スリムの決断

「決定的な勝利」を手にするにはどうすれば良いか。その観点からたどりついたのは、第三のオプションだった。スリムは言う。「日本軍が良好な補給状態にあり、こちらが劣勢にある状況下で戦うことにわたしは辟易《へきえき》していた。今度はその逆をやってやるのだ」。日本軍は雨季が到来してもインパールを陥落させられなかった場合、補給の途絶という状況に置かれることになる。これに対し、英印軍は圧倒的に優勢な航空戦力を誇るだけでなく、インパールとパレルに雨季でも使用可能な飛行場があった（Slim, *Defeat into Victory*, p.336）。

とはいえ、これはこれで容易ならざるオプションだった。「第四軍団をインパール平原に集中させる」ということは、ティディムの第一七インド師団とタムの第二〇インド師団が攻勢に出ることを許さず、本格的な戦闘なしに撤収させることを意味する。これでは将兵の士気を損なってしまうのではないかとの懸念はあったが、それでも理解は得られるはずだとスリムは考えていた。この点について、彼はこう記している。

「かくも広大なイギリスの領土を放棄することは、世界中でわれわれの友好国を落胆させ、敵を活気づけることになりかねなかった。われわれの本拠地であるインドでも警戒と落胆が広がるおそれがあった。しかし、重要なのは数百平方マイルにおよぶ山間部のジャングル地帯ではないのだ。敵軍の部隊を壊滅させるためのチャンスを手に入れる。これこそが大事なのだ。それが実現できれば、領土は容易に取り戻すことができるのである。各司令官がこの意図を将兵に説明してくれれば、いかに堅実な考えかが理解されるはずだし、士気の低下をもたらすことにもならない。わたしはそう確信していた」（Slim, *Defeat into Victory*, p.337）

スリムは第四軍団のスクーンズ軍団長と会い、日本軍の進攻にどう対処すべきかについて協議を行った。両者の間で作戦に対する認識を共有しておくことは、きわめて重要だった。もし印緬国境地域に布陣する師団が日本軍に全力で応戦し、壊滅してしまったら、取り返しのつかないことになる。仮に撃退に成功したとしても、自軍に大きな損害を出せば、その後の作戦計画に支障を来しかねなかったからである。協議で判明したのは、スリムもスクーンズも、インパール平原で戦うべきだと考えていたことだった。第一四軍の上級司令部に当たる第一一軍集団のジョージ・ギファード司令官からも支持が得られた。

　このころ、連合国の首脳レベルでもビルマ進攻計画に変更が生じていた。一九四三年一月から八月にかけて、チャーチルとローズヴェルトは何度も会談を行い、アジアおよび太平洋戦線についても協議を重ねた。一連の会談の結果、日本軍占領下にあるビルマへの進攻作戦「アナキム」を一九四三年末までに実施することが合意されていた。しかし、一二月上旬の第二回カイロ会談では、アナキム作戦は延期になってしまう。これがスリムの決断にどのような影響を及ぼしたかは定かではないが、がむしゃらにビルマ奪還を目指すのではなく、いったん計画が棚上げになったことは彼にとっても好都合だったことだろう。

思惑も経緯も三者三様ではあったが、日本軍、インド国民軍、英印軍は作戦に向けた準備を整えていった。なかでも、日英双方のキーマンだった牟田口とスリムがここに来て当初の方針を転換させ、攻守の構図がまったく逆になったことは、その後の展開に決定的な意味を持つことになった。そのなかで、チャンドラ・ボースは祖国の解放という悲願を達成するためのチャンスを絶対に逃すまいと、何とかしてインド国民軍を戦線に参加させようと腐心した。

いよいよ「インパールの戦い」の火蓋が切られようとしていた。

第六章　激突

——日本軍、インド国民軍、英印軍の戦い

最大の激戦地コヒマ

一九四四年三月、日本陸軍は「ウ号作戦」を発動した。第一五軍の三個師団がビルマとの国境を越え、インド北東部への進攻を開始した。八日に第三三師団（通称「弓」）が南から、一週間後の一五日には第一五師団（通称「祭」）が北からそれぞれインパールを目指した。第三一師団（通称「烈」）はインパールから約一三〇キロ北に位置するナガ丘陵のコヒマに向かっていった。

これに対し英印軍は、第四軍団の三個師団でインパールを、第三三軍団の一個旅団でコヒマを防衛するとともに、日本軍を迎え撃とうとしていた。

日本軍優位の緒戦

日本軍にとって、序盤は順調に作戦が進んでいった。

第三三師団主力はチン丘陵のフォートホワイトを経てティディムに進出し、北上してデイヴィッド・コーワン少将率いる英印軍第一七インド師団を包囲・殲滅《せんめつ》しようとした。これとは別に、第三三師団では山本募《やまもとつのる》少将率いる「山本支隊」がタムから国境を越えていった。シェナム・サドルを通って飛行場のあるパレル、その先にあるインパールを目指す計画で、立ちはだかる第二〇インド師団と戦闘を繰り広げながら、じわじわと西に進んでい

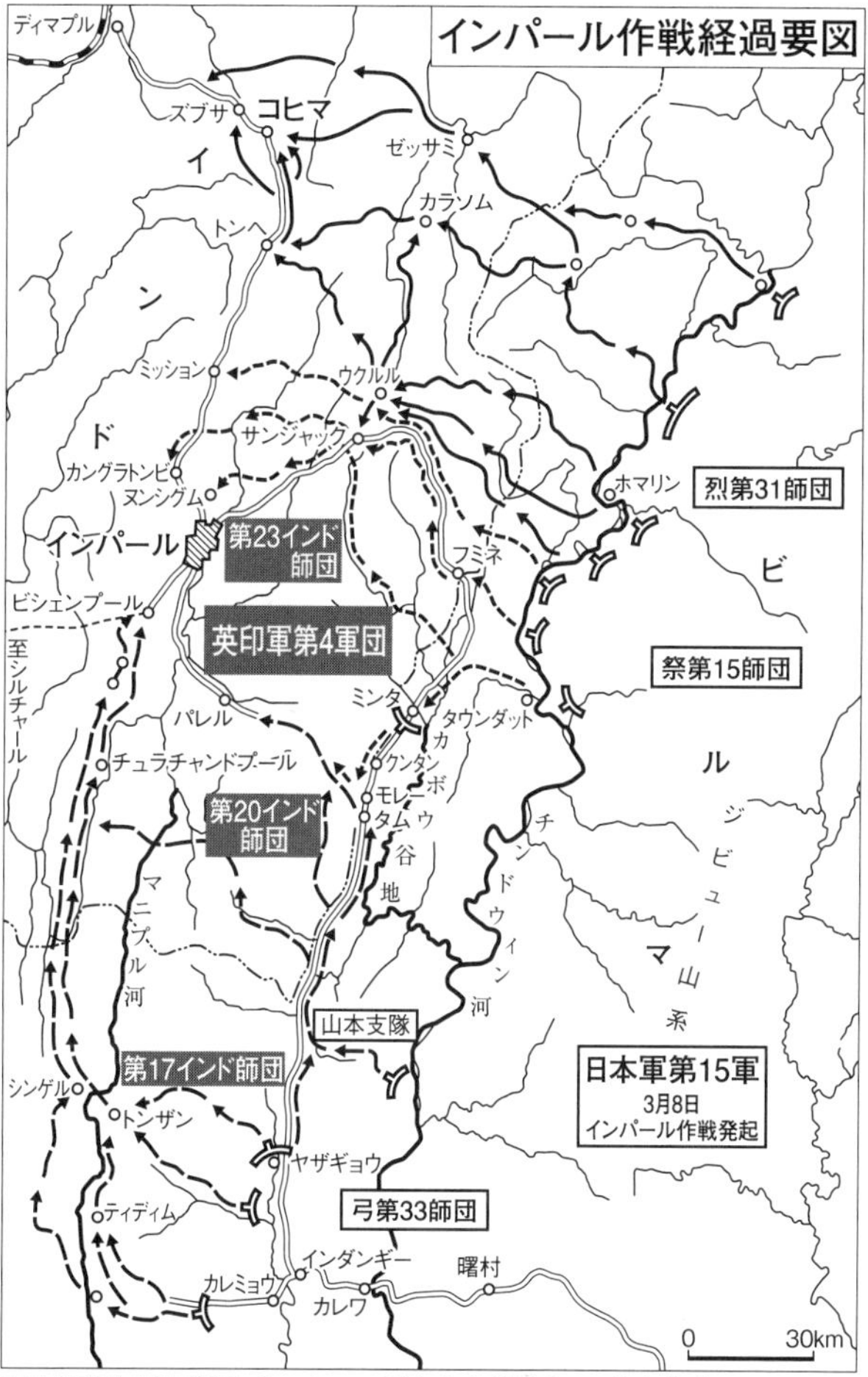

高木俊朗『全滅・憤死 インパール3』（文春文庫）をもとに筆者作成

った。

第一五師団はビルマ側のタウンダットから国境越えを行い、フミネ、サンジャックを経てインパールとコヒマを結ぶ道路まで進出し、これを遮断するとともに南下する形でインパールを攻略することが任務とされた。四月上旬にはカングラトンビおよびヌンシグムという地点に到達した。ヌンシグムからインパールまではわずか一〇キロしかなく、日本軍がもっともインパールに迫った場所だった。筆者はこのヌンシグムを訪れたことがあるが、インパール市街地は目と鼻の先と言ってよい距離だったのを覚えている。

ホマリンを発った第三一師団は、ウクルルを経てコヒマを目指し、四月五日に占領した。同師団の主力、「宮崎兵団」こと第三一歩兵団を率いるのは宮崎繁三郎少将。歩兵第一六連隊長として中国戦線で経験を積み、「不敗の将軍」と呼ばれる兵団長だ。コヒマはディマプルとインパールの中間に位置するナガ丘陵の街で、ここを占領することは英印軍の補給路を断つことを意味するだけでなく、その後のディマプル進攻の際の足がかりを得ることも意味した。それだけに、日本軍としては何としてでも押さえておきたい要衝だった。

計画どおりに進む緒戦に、第一五軍司令官の牟田口中将は満足していたことだろう。彼は「インパールは天長節までに落とす」――つまり、昭和天皇の誕生日である四月二九日

表1　インパールの戦いにおける日本軍・インド国民軍・英印軍

日本軍

- ビルマ方面軍（司令官：河邊正三中将）
  - 第15軍（司令官：牟田口廉也中将）
    - 第15師団（師団長：山内正文中将→柴田夘一中将）
    - 第31師団（師団長：佐藤幸徳中将→河田槌太郎中将）
      - 第31歩兵団（宮崎兵団）（歩兵団長：宮崎繁三郎少将）
    - 第33師団（師団長：柳田元三中将→田中信男中将）
      - 山本支隊（支隊長：山本募少将）
  - 第5飛行師団（師団長：田副登中将）
  - 光機関／南方軍遊撃隊（機関長：磯田三郎中将）

インド国民軍（INA）

- （最高司令官：スバース・チャンドラ・ボース）
  - 第1師団（師団長：M・Z・キアニ大佐）
    - 第1遊撃連隊（スバース連隊）（連隊長：シャー・ナワーズ・カーン中佐）
    - 第2遊撃連隊（ガンディー連隊）、第3遊撃連隊（アーザード連隊）

英印軍

- 第14軍（司令官：スリム中将）
  - 第4軍団（軍団長：スクーンズ中将）
    - 第17インド師団（師団長：コーワン少将）
    - 第20インド師団（師団長：グレイシー少将）
    - 第23インド師団（師団長：ロバーツ少将）
  - 第33軍団（軍団長：ストップフォード中将）
    - 第2英師団（師団長：グローヴァー少将）
    - 第5インド師団（師団長：ブリッグス少将→エヴァンス少将）
    - 第7インド師団（師団長：メサヴィ少将）
  - 第221飛行団（司令官：ヴィンセント准将）

注）各軍ともアラカン方面での戦闘にのみ参加した部隊は掲載していない。

を目標に設定していた。三個師団すべてが作戦に参加してから一か月半弱という短い期間だが、そのまま作戦が順調にいけば実現は可能というのが牟田口の見通しだった。雨季が来れば作戦が困難になることはさすがに牟田口もわかっていたが、そうなる前にインパールを陥落させれば良いのであった。

スリムの「過ち」

スリムからすれば、序盤の展開は織り込み済みだった。長期の行軍で日本軍を消耗させ、その末にインパール平原まで引き込む。そのためには、むしろ日本軍に勝ってもらわなければならなかった。第一七インド師団も第二〇インド師団も、「戦術的撤収」をしたにすぎなかったのである。

スリムによれば、戦争で何よりも大事なのは「自分たちのリズムで敵を踊らす」、つまり主導権を握り、かつそれを維持することであるという（Slim, *Defeat into Victory*, p.337）。ただ、攻勢をかける際には主導権は自然とついてくるものだが、撤退時はそう簡単にはいかない。それをやってのけたのがスリムの優れた点だと言えよう。

しかし、そのスリムにもいくつか誤算があった。

日本軍の進攻に際し、第四軍団は本格的な応戦はせず、インパール平原にいったん後退することにしていた。問題はそのタイミングだった。スリム自身が「軍事計画の本質はタイミングだ。いかに優れた計画であっても、早すぎたり、あるいは遅すぎたりと時期を誤ることがあれば、よくて下策、最悪の場合は大惨事になりかねない」と記しているように、間違えてはいけないポイントだった（Slim, *Defeat into Victory*, p.339）。

しかし、そこで彼は「過ちを犯した」と率直に認めている。スリムは、日本軍の進攻開始は三月一五日前後と見ていたが、第三三師団は予想より一週間早く行動を開始したのだった。チン丘陵の第一七インド師団はインパール方面に撤収する予定だったが、それよりも先に日本軍に包囲されてしまった。一歩間違えば、師団が全滅してしまいかねない事態だった。このときはインパールから第三七旅団と第四八軽歩兵旅団が救援部隊として駆けつけたことで第一七インド師団は脱出できたが、迅速な移動を可能にしたのは前年までにティディム・ロードが整備されていたためだった（Pau, “Tedim Road”）。

最大の激戦地コヒマ

もうひとつの誤算はコヒマをめぐるものだった。コヒマをめぐる攻防戦は、これまで幾度となく戦記として書かれてきた激戦のひとつであるが、それは英印軍側にある種の油断が生じたためもたらされたものだった。

当初から日本軍はインパールだけでなく、ディマプル・インパール道を遮断すべくコヒマも攻撃してくれるだろうと考えられてはいたものの、その規模は一個連隊程度と想定していた。ところが、実際に牟田口がコヒマ方面に投入したのは一個師団、すなわち第三一師団だったのである（ただし、このとき同師団は三個連隊からなるフルサイズの態勢ではなく、二個連隊で構成されていた）。コヒマの防御態勢は英印軍第三三軍団の一個旅団だけで、手薄な態勢だった。後述する補給の問題はあったものの、牟田口の作戦は、完全に英印軍の裏をかくことに成功していたのだ。

三月三一日、日本軍第三一師団はコヒマの手前にあるゼッサミで、英印軍守備隊を攻撃し、突破した。数に勝る日本軍はそのまま突き進み、四月五日早朝、ついにコヒマに到達、ナガ族の集落を制圧した。この集落の東側に位置する高地に英印軍は強力な陣地を構築していた。以降、この高地をめぐり、激戦が展開された。

この高地には植民地政府の副弁務官宿舎があり、その前にはテニスコートがあった。そのためここでの戦闘は「テニスコートの戦い」とも呼ばれるが、字面から感じられるような爽やかさは微塵もなく、コヒマ攻防戦、いや、インパールの戦い全体を通じてもっとも激しい、血みどろの戦いとなった。

自らもコヒマの戦いに参加し、当時の激戦を戦後にノンフィクションとして著したアーサー・スウィンソンは、「封鎖が五日に及んだ時点で、日本兵、インド兵、英国兵の死体が丘一面に散らばっていた。異臭が漂い、いたるところで蠅《はえ》が飛んでいた」（Arthur Swinson, *Kohima*, p.94）と凄惨な戦場の様子を描写している。

日本軍はインド国民軍（ＩＮＡ）の手を借りて、夜間も「攻撃」を行った。拡声器を持ち出して、ＩＮＡ宣伝隊員から英印軍のインド人兵士に対し、こう投降を呼びかけたのである。

「インド兵よ！　日本軍は諸君らを包囲している。銃を携え、わが方に来てくれ。われわれは英国支配という悪行と圧政からインドを解放しに来たのだ」（Swinson, *Kohima*, p.86)

結局これに応じたインド兵はおらず、代わりに拡声器を標的にブレン機関銃が火を噴いたのだが、英印軍にとっては夜も心の休まるときがなかったのではないだろうか。

　日本軍の猛攻を受けた英印軍側はコヒマからの完全撤退も視野に入れたほどだった。しかし、守備隊長のヒュー・リチャーズ大佐は徹底抗戦をつづけながら援軍を待つことを選択し、「魔の一三日」と呼ばれるほどに苛烈をきわめた戦いを乗り切ることに成功した。

英印軍を救った空輸

　コヒマで包囲された英印軍を救ったのは、空からの補給だった。インパールにおいても同様だったが、英印軍が戦闘を継続できたのは、インド本土からの英米軍機による物資供給があったからだった。この有効性は、インパールの戦いに先立って二月に行われた第二次アラカン作戦（第二次アキャブ作戦）で、すでに証明されていた。包囲戦術をとる日本軍に対し、英印軍は「アドミン・ボックス」と呼ばれる陣地を築いて抵抗したが、それは空からの補給があってはじめて可能になったのである。

　コヒマの場合、英印軍は四月中旬、もっとも激しい戦闘が行われたギャリソン・ヒルで深刻な水不足に陥っていた。自軍の陣地付近で湧き水を発見し、工兵が拡張してはいたものの、それだけでは不十分だった。弾薬や食糧に加えて水が投下されたことで危機を脱することができたが、それがなかったら戦闘は日本軍に有利に推移していったかもしれない。まさに部隊の存亡を握る生命線だったのである。ただしコヒマは地形上の制約があり、ピンポイントで投下を行うのは至難の業だった。両軍が接近して対峙していたため、弾薬が日本軍の手に渡ることもあったし、パイロットが低空飛行で自軍にピンポイントで投下しようとすれば、撃墜されるか山に墜落する危険があったのである（Kirby, *War Against Japan*, Vol. III, pp. 303-304）。

先にスリムに誤算があったと記したが、「嬉しい誤算」もあった。彼は日本軍がインパールとコヒマを占領するだけでなく、ディマプルまで進出するのではないかと見ていた。そうなれば、英印軍は厳しい状況に置かれることを意味した。当時ディマプルには十分な兵力の守備隊がいなかったからである。前章で見たとおり、この考えは牟田口も作戦発起以前から抱いていた。しかし、第三一師団がコヒマからディマプルに進撃することはなかった。コヒマを占領した時点ですでに作戦発起から二〇日が経過しており、携行してきた食糧は底をついていた。コヒマですら補給がまったくないのだから、その先のディマプルに進出したとしても状況が変わるはずはない。英印の糧秣《りょうまつ》に頼るといっても、確保できる保証などなかった。そもそも、コヒマを「占領」したと言っても全域を制圧したわけではなかった。そのような状況で一部でも部隊をディマプルに差し向けていれば、コヒマ自体の保持が危険に晒《さら》されることになっただろう。

ちなみに、インパールの戦いに参加した英印軍のA・J・バーカー中佐は、戦後に『デリーへの進軍（*The March on Delhi*）』というインパールの戦いをテーマにした本を執筆する際、牟田口に書簡を送り、「なぜあのときディマプルまで軍を進めなかったのか、そうしていれば日本軍の作戦は成功していたのではないか」と問うた（「インパール作戦　牟田口廉也手記」）。これが失意のどん底にあった牟田口を勇気づけ、彼は書簡をいつも携え、事あるごとに関係者に見せて、作戦当時の自分の正当性を強調したという。

反撃に転じた英印軍

四月中旬になると、英印軍は各地で反撃に転じた。

日本軍第三三師団は撤収した英印軍第一七インド師団を追って北上し、インパールまであと一五キロというところまで迫った。ここにはレッド・ヒルと呼ばれる小高い丘があった。その支配をめぐって激しい戦闘が展開されたが、英印軍は日本軍の猛攻を持ちこたえたばかりか、多大な損害を与えた。（なお、レッド・ヒルの麓《ふもと》には、戦後に設置された「インド平和記念碑」がある。さらに、インパールの戦いから七五周年に当たる二〇一九年には、日本の日本財団と笹川平和財団の支援で「インパール平和資料館」が開館した。）

その後も第三三師団はビシェンプール（ビシュヌプル）付近で執拗に英印軍を攻撃したが、圧倒的な火力で反撃を受けることになり、突破することはできなかった。

山本支隊は、タムからパレルにいたるシェナム・サドルで英印軍第二〇インド師団と戦闘をつづけ、一進一退の状態がつづいていた。シェナム・サドルからは、眼下にインパール平原を見渡すことができる。しかし、高地である上に複雑な地形のもと、山本支隊は英印軍に翻弄された。

日本軍第一五師団はヌンシグムという丘を攻略しようとした。ここを占領すればその先に地形的に遮《さえぎ》るものはなく、インパールまでの距離も約一〇キロで、あとひと息というところまで迫ることができる。第一五師団はヌンシグムをいったんは確保したものの、四月一三日に英印軍第五インド師団が攻撃を仕掛けてきた。稜線では戦車まで投入されたため、日本軍は迎撃することができず、結局この拠点から撤退せざるを得なくなってしまった。

そしてコヒマでは、四月中旬に英印軍にとって待望の増援部隊がディマプルから到着した。第二英師団と第七インド師団である。後者は二月に行われた第二次アラカン作戦に参加した部隊だが、航空機と鉄道でディマプルまで移動してきたのだった。ただ、これも間一髪のタイミングで、もし到着が数日遅れていたら、コヒマで孤立していた第一六一インド旅団は助からなかったかもしれなかった。宮崎兵団はコヒマに向かう途中、本来第一五師団が担当するはずだったサンジャックで戦闘を展開したため、時間をロスしてしまった。このわずかな日数の差が、コヒマの戦いで大きくものをいったのである。

この時期について、イギリスの公刊戦史は日本軍の頑強な抵抗を踏まえながらも、戦況が転換してきたことについて、次のように記している。

「四月二一日までに、日本軍の前進は停滞を余儀なくされた。コヒマでは封鎖が解かれたし、同地とインパール北方で敵軍は後退を強いられ、守勢にまわることになった。インパール北東方面では、限定的ながら〔英印軍の〕攻勢作戦が成果を挙げていた。南東と南方では膠着状態に置かれていた。スリムと各軍団司令官は、危機は過ぎ去ったとの見方が正しいことが証明されたと確信しつつも、自己満足にひたる余裕はないと考えていた。日本軍がインパール攻略を諦めるはずがないことはきわめて明白だったし、それが成功する可能性も完全に排除できなかったからである」（Kirby, *The*

War Against Japan, Vol.III, p.312)

ビルマ戦線初の日本軍俘虜

熾烈な戦いが展開されるなか、英印軍が日本軍の一歩先を行くことに成功できた要因のひとつに、日本軍の俘虜に対する訊問や鹵獲した文書から重要な情報を収集したことがあった。

ビルマ戦線では、インパールの戦い開始前の一九四四年一月に最初の日本軍俘虜が英印軍第二〇インド師団によって確保された。この兵士は名をイシザキといい、二等兵だった。英印軍の第一二三インド旅団長や第五インド師団長として戦いを指揮したエヴァンスは著書『インパール』で、このときの様子を詳しく記している（Evans and Brett-James, *Imphal*, pp.77-79. 共著者のブレット＝ジェームズも第九歩兵旅団通信隊長として戦闘に参加した軍人）。

隷下の第三二インド旅団が俘虜を確保したとの連絡を受けたダグラス・グレイシー師団長は、ただちにその旨を上級司令部の第四軍団に報告した。第四軍団からは、なんとかしてその俘虜を生かしておかねばならない、すぐに医務官を派遣しようとの返答があった。これを受けて、軍医副部長のビル・ダイアモンド准将が医療スタッフを集め、最新の医薬品に加えブランデーまで携えてジープで急行した。

エヴァンスは、「これほど階級の低い兵士が丁重なもてなしを受けたことは、これまでになかったのではないか。中世における騎士道の時代に戦場で捕らえられた高貴な騎士に対する待遇に相当するものだったと言える」と記しているほどだ。これは何も英印軍が人道主義を徹底しており、博愛の精神を発揮したからというわけではない。俘虜を確保したら徹底的に情報を引き出して、来る日本軍との本格的な戦いに役立てようというねらいがあったからだ。

イシザキ二等兵は最初こそ訊問官に射殺してほしいと懇願したが、それが受け入れられないとわかると、協力的な姿勢に転じた。もっとも、彼が何か有用な情報を持っていたあけではなく、結果的に英印軍側にとっては期待外れに終わってしまった。しかし、その後一九四四年二月に行われた第二次アラカン作戦（第二次アキャブ作戦）では、二〇人あまりの日本軍俘虜が確保され、デリーのレッド・フォート内の兵営に収容された（大庭『戦中ロンドン日本語学校』pp106-107）。翌三月にインパールの戦いが始まると、その数はさらに増えていった。

日本軍兵士は「生きて虜囚の辱《はずかし》めを受けず」という信念をたたき込まれてきたはずだ。

これは、一九四一年一月に陸相・東条英機によって布達された『戦陣訓』のなかでもとくに有名な一文だ。敵の俘虜になることは許されない、万一そうなりかねない状況に置かれたら自決せよ、という意味が込められていた。実際に自決した兵士はインパールの戦いだけに限らず、多かったことだろう。イシザキ二等兵がそうだったように、俘虜になった日本軍兵士の多くも当初は殺してくれるよう敵に頼んだ。ところが、エヴァンスは「俘虜のうちほぼ全員がすこぶる協力的だった」と指摘し、その理由として「おそらく俘虜になることを想定していなかったのだろう」、「秘密保持のための訓練がまったく施されていなかったのではないか」と分析している（Evans and Brett-James, *Imphal*, p.79）。

　たしかにエヴァンスの言うとおりで、『戦陣訓』には重大な欠陥があった。俘虜になることを強く禁じるがゆえに（あるいは、そのような状況が生じるはずがないと考えていたがゆえに）、本当に俘虜になってしまったときの対策を怠ったのである。逆に言えば、俘虜になった場合には自軍の情報を明かさないようにと教え込んだとしたら、「生きて虜囚の辱めを受ける」可能性があることを認めることになってしまうのである。

　しかし、そうした願望にもとづいた要求は、インパールのような戦場では必ずしも意味をなさなかった。もはやこれまでと、自らの意思で命を絶てた場合はともかく、飢えや病で倒れて意識が朦朧《もうろう》とした状況で敵軍に発見されたらどうか。抵抗はおろか自決すらできず、捕らえられるよりほかはないのである。

俘虜となった兵士は、一度心理的バリアが取り除かれると前述のとおり、協力的になった。訊問官の質問に誠実に答えただけでなく、聞かれそうなことを先回りして答えてくれたり、部隊の配置や物資集積場の地図を描こうかと自分から申し出たりということすらあったという（Evans and Brett-James, *Imphal*, pp.79-80）。

日本語専門官の「訊問」と「翻訳」

こうした俘虜に対する訊問、それに鹵獲文書の翻訳を現場で担った者のなかには、第三章で取り上げた、ロンドン大学東洋アフリカ研究学院（ＳＯＡＳ）に設置された日本語特訓コースの修了生も数多く含まれていた。彼らはデリーの軍統合詳細訊問センター（ＣＩＳＤＩＣ）と東南アジア翻訳訊問センター（ＳＥＡＴＩＣ）に振り分けられたが、なかにはインパールにまで派遣された者もいた。

しかし、ＣＩＳＤＩＣにしてもＳＥＡＴＩＣにしても、インパールからは遠く離れている。俘虜や文書が見つかるたびに移送していては、その都度タイムラグが生じてしまう。

スリムもこの問題を念頭に置き、「日本語のできる者を至急送れ」という電報をＣＩＳＤＩＣに送ったという（大庭『戦中ロンドン日本語学校』p.125）。

そこで、第一四軍隷下の三個軍団それぞれに、少佐クラスの将校を長とし、訊問官や翻訳官、下士官、運転手等からなる「機動訊問班」が設置されることになった。第四軍団の「第一機動訊問班」では、リチャード・L・ストーリー少佐が班長になった。彼は一九三七年にオックスフォード大学を卒業後すぐに小樽高等商業学校（現小樽商科大学）に赴任し、四〇年春まで同校の英語講師を務めた経験があった（大庭前掲資料p.127。なお、大庭は四二年の同校卒業生であり、ストーリーと面識があったと思われる）。ストーリーのもとには六人の将校が配置されていたが、このうちの一人がＳＯＡＳの訊問コースの修了生ではなかったかと大庭は推測している。

鹵獲文書からも、日本軍の作戦行動について重要な手がかりがもたらされることがあった。戦いの初期段階、インパールから東に約三〇マイル（約四八キロ）の場所で戦死した日本軍将校が発見された。彼の雑嚢《ざつのう》には作戦計画を示す文書があり、それによって英印軍側は日本軍第一五師団が北と北東からインパール平原を攻撃する予定であることを知ったという。また、一九四四年三月には、印緬国境に近いカボウ谷地で英印軍の哨戒隊が日本軍将校の車両を発見したので攻撃を加え、車内にあった文書を収集したところ、日本軍によるカボウ谷地攻撃計画が詳細に記されたものだったという事例もあった（Evans and Brett-James, *Imphal*, p.82）。こうした文書から日本軍の動向を把握できたのも、ＣＩＳＤＩＣから派遣された担当官による迅速な翻訳作業があったからこそだと言える。

豪雨と補給の途絶

戦闘が一進一退を繰り返すなか、日本軍にとって恐れていたものがついに来た。雨季である。しかも、例年であれば五月に入ってから雨が降り始めるところだが、この年は早めに雨季が到来した。印緬国境地域は世界でも有数の豪雨地帯と言われており、ひとたび雨が降れば、戦闘が継続できなくなるだけでなく、補給も容易ではなくなる。

タムから「山本支隊」を率いていた山本募少将は、第一五軍からの補給連絡がいかに現実と乖離《かいり》していたかを戦後に記している。山本によると、牟田口はこの方面の補給について次のように考えていた。

「軍司令官は補給について焦慮の末、カボウ谷地の陸路輸送を断念して、補給路をチンドウィンに切り替えた。シターン〔シッタン〕までは水路を利用し、そこに陸揚げした物資をヤナンに送り、それから先はタムを経て前線に届けることにしたと云う。シターンからヤナンに至る陸路は、山地を通っているため、雨季の影響を殆《ほと》んど受けることなく、ヤナンから先は悪路ではあっても、巨離《ママ》が短いので補給路設定の構想としては一応尤《もっと》もに思える」（山本募「山本支隊作戦経過の概要」）

ところが、「実際は決してそうではなかった」という。何と言っても影響が大きかったのは、想像を絶する豪雨だ。

「カレワ方面では、十二時間降ってはサット止み、十二時間経ってまた猛烈に降り出し、連日連夜これを繰返す。降り出したと見るや、窪地が先ず忽《たちま》ち氾濫《はんらん》して、溢れた濁水は一抱えもある立木を根こそぎ押倒し、それを跳らせながら、滝となってチンドウィン河へと落ちて行く」（山本前掲資料）

そんななか、六月末に軍司令部から支隊本部に一本の電報が届いた。

「『牛三〇頭に食糧を満載して送り出したから到着したら牛まで処分して宜《よろ》しい』との知らせである。〔支隊〕本部では配給計画までして待っていたが、遂に一頭の牛も到着しなかった。牛でもその他の必需品でも途中で消えてしまい前線には届かない。確実に届くのは電報位のものだ」（山本前掲資料）

最後の痛烈な皮肉は、実際にこの状況を経験した者ならではだろう。それほどまでに現場の状況は厳しかった。山本支隊に限らず、どこの部隊も同じような事態に直面していた。補給のなかでも、食糧の欠乏は深刻だった。作戦の準備が行われていた頃、第一五軍で兵站を担当していた薄井誠三郎後方主任参謀が「軍では野草を食料にすることを研究している」と発言したのに対し、ビルマ方面軍の不破博参謀から「そんな危険な方法でこの大作戦ができると考えているのか」と詰問されたという逸話がある（『戦史叢書　インパール作戦』p.117）。薄井にしても内心は忸怩《じくじ》たる思いがあっただろうが、司令官である牟田口の指示に従うほかはないという現実があった。

携行食糧は二〇日分しかなかった。しかし、三個師団すべてが作戦を開始してからインパール入城の期限としていた四月二九日までは一か月半弱。手持ちの食糧だけでは足りるわけがない。連合軍機が英印軍向けに投下した食糧——「チャーチル給与」と呼ばれた——を奪取したり、地元住民から徴発したりするなどしてしのごうとしたが、必要なときに必要なだけ入手できるはずもなかった。あとは薄井ら後方参謀が研究していた野草である。

将兵を襲う猛獣

インパール作戦というと、とかく補給の途絶と豪雨、感染症の蔓延が指摘されるが、将兵を恐怖に陥れたものがもうひとつあった。密林に生息する猛獣だ。光機関ビルマ支部長（インパール作戦発起以降はインド部長）の北部邦雄は、四月末にタム近辺を視察した際、兵站守備に当たる自軍の小部隊の駐屯地で奇妙な光景を目にした。

「何《いず》れも露営地の周囲に鉄条網や鹿砦《ろくさい》を張り廻し、処によっては大きな樹の上に寝床を作っているので、何故かときいて見ると、夜間虎や豹が出て股の肉や臀部の肉を喰われたり喰い殺されたりするので安心してねられないとのことであった」（北部「南方に於ける思出と反省――インド独立運動の記――（六）」）

北部は視察を終えて光機関員とともにチンドウィン河に面するカレワまで戻るのだが、そこでもこんなことがあった。

「夜になるとニッタ川の右岸方面から猛獣の唸り声らしいものがきこえて来る。熱の関係（このとき北部はマラリアと盲腸炎を患っていた）からの錯覚かと思って兵站の者にきいて見ると、それは虎と豹或いは野象が格斗する声であると知らされた」（北部前掲資料）

日本軍は作戦発起に際し牛馬や象を輸送と食用目的で大量に調達した。しかし、ジビュー山系の急峻な山道には適しておらず、多くが川に流されてしまった。一方で、野獣の襲撃に怯《おび》える部隊があちこちにあったことを北部の回想は伝えている。野生のものも含め動物についての情報収集や対策を講じてこなかったことも、作戦遂行に支障を来す要因になったと言えそうだ。

烈師団長・佐藤幸徳の「抗命」

補給が途絶するなか、「烈師団」こと第三一師団長の佐藤幸徳はこれ以上コヒマでの戦闘を継続することは不可能と考えるようになった。度重なる補給要請に第一五軍司令部は応えてくれなかった。そこで五月下旬、彼が下した決断は「撤退」だった。それも独断で、である。

「抗命」として知られる佐藤の決断は、日本軍史上前代未聞の事件だった。その是非はさておき、佐藤には彼なりの理由があった。師団を預かる身として、食糧がない状態がつづけば全滅の憂き目に遭いかねないという切迫した問題があった。にもかかわらず、第一五軍司令官の牟田口からは進撃一辺倒の命令が来るばかりで、佐藤は不満を募らせていた。撤退はやむにやまれずの決断だったのである。第三一師団で宮崎兵団を率いた宮崎繁三郎によると、戦後に佐藤と会った際、こう言われたという。

「儂《わし》は、撤退させるかどうか、まる一週間寝ずに考えた。そして、撤退すべきだと結論した。どうしたら陛下に最も忠誠なる道であるかだけをその決定にあたっては考えたよ。だから、今でも正しいと思っている」（「宮崎繁三郎元陸軍少将の談話」）

ただ、この背景にはやはり牟田口と佐藤の反目があった。インパール作戦前から佐藤は「牟田口は戦のやり方を知らん」と不満を募らせていた。牟田口は牟田口で、佐藤の姿勢を消極的と批判――矛先は佐藤だけに向けられたわけではなかったが――していた。こうした反目が撤退という結論にいたった一因ではないかと考えられる。宮崎繁三郎は、牟田口と佐藤についてこう語っている。

「佐藤さんも牟田口さんも、お互いに譲らぬ人であるが、その二つの強力なエネルギーが恰度《ちょうど》正反対に作用したので、最悪な事態となったわけです。もし、この二人のエネルギーがプラスの方向に一致すれば……。もっとも佐藤さんは、牟田口さんの作戦を信用していなかったが……」（「宮崎繁三郎元陸軍少将の談話」）

たしかに、牟田口と佐藤の見解が一致していたら、インパール作戦は違った経過をたどったかもしれない。少なくとも「抗命」事件は発生しなかったはずだ。それは英印軍側で、インパール平原への撤収という一見消極的に映る行動だったにもかかわらず、スリムとスクーンズの間に確固たる共通理解があったのとは対照的だ。

佐藤の独断を許すわけにはいかなかった牟田口は、彼を師団長から更迭することを決めた。

師団長交替は第三三師団と第一五師団でも行われた。第三三師団長の柳田元三中将は作戦中止を訴えたが、牟田口の逆鱗に触れて更迭されてしまう。第一五師団長の山内正文中将のほうは、病に倒れ戦線を離れることになった。この結果、作戦に参加した三個師団すべてで師団長が交替するという異例の事態が生じたのである。

五月三一日、第三一師団は佐藤の命令によりコヒマからの撤退を開始した。英印軍にとっては、四月上旬以来、二か月近くにわたり占領されていたコヒマの解放を意味した。イギリス公刊戦史は六月三日から九日までの一週間——まさに烈師団の撤退が進行していた時だ——について、「ビルマ戦のなかでもっとも重要な時期だったかもしれない」と記しているほどだ（Kirby, *The War Against Japan*, Vol.III, p.355）。コヒマ解放のみならず、インパール・コヒマ道路の打通に向けた作業が始まったからでもあるが、それだけ佐藤の決断が日英両軍とこの戦場に持つ意味は大きかったと言える。

日本軍と英印軍が死闘を繰り広げたコヒマ攻防戦について、スウィンソンはこう記している。

「コヒマの戦いは六四日間にわたってつづいた。そこで行われた戦闘は、第二次世界大戦全体を見回しても、もっともしぶとく、近接し、血なまぐさい部類のものだった。（中略）全将兵と全人種、それに両軍が示した勇気と不屈の精神は、驚くべきものというよりほかはない。イギリス兵、インド兵、グルカ兵合わせて約四〇〇〇人が戦死し、将校が占める割合は異常なほどに高いものだった。佐藤師団では三〇〇〇人以上が戦死し、四〇〇〇人が負傷した。この結果、彼の師団は再起不能なレベルにまで粉砕された。火力で劣勢に置かれ、航空支援は得られず、増援兵力は送られることもないなかで、彼は壮絶な防衛戦を展開したのだ」（Swinson, *Kohima*, p.295）

インド国民軍の戦い

日本軍と英印軍が激しい戦闘を繰り広げるなか、インド国民軍（ＩＮＡ）もインパールの戦いに加わっていた。

単独の部隊として行動していたのはＩＮＡ第一師団の第一遊撃連隊（ボースの名前をとって「スバース連隊」と呼ばれていた）、第二遊撃連隊（「ガンディー連隊」）、第三遊撃連隊（「アーザード連隊」。インド国民会議派指導者の名前からとられた）だった。第一遊撃連隊は兵士三〇〇〇人、第二・第三遊撃連隊はそれぞれ二〇〇〇人を擁していた。これとは別に、日本軍の三個師団に一五〇人から二〇〇人規模のＩＮＡ兵士が配置されており、小部隊に分かれて案内役や通訳、宣伝、諜報といった活動に従事した。ＩＮＡはアラカン戦線にも派遣され、こちらは約二五〇人の兵士が日本軍とともに行動した（Pum Khan Pau, “Frontline Deployment Reconsidered”）。

ＩＮＡには第二師団もあったので、ボースとしては前線に投入したかっただろう。しかし、シンガポールから第一師団に加えてさらに一個師団の移動を支援する余裕は日本軍にはなかった。この時点で第三師団は編制途中で、実戦に投入できる状態ではなかった。なお、女性だけで構成される「ラーニー・オブ・ジャーンシー連隊」は前線に出ることはなかったが、一部の部隊がメイミョーまで進出し、傷病兵の対応に当たりながら、将来の展開に備えることになった。

シャー・ナワーズ・カーン中佐率いる第一遊撃連隊は、第三三師団の山本支隊と共同で作戦を遂行した。山本支隊が担当したシェナム・サドルからインパール平原に降りていくと、パレル飛行場がある。第五章で述べたように、雨季でも離着陸が可能なのは、ここととインパール飛行場だけだった。補給の観点からも攻撃の観点からも、英印軍にとってきわめて重要度の高い航空拠点だ。それだけに、パレル飛行場の近辺は堅固な守備態勢が敷かれていた。ここの英印軍はインド人部隊であることもわかった。

そこで、ＩＮＡは英印軍インド兵に投降を促すことにした。イギリス人将校のいない隙を狙って守備隊に接近し、ＩＮＡであることを明かして自分たちの側に加わってほしいと説得に当たった。結局このときは戻ってきたイギリス人将校に気づかれて不調に終わってしまうのだが、インド人同士だからこそ可能な、日本兵には真似の出来ない活動だった（Khan, *My Memories of I.N.A. and its Netaji*）。

ＩＮＡはこうした投降の呼びかけだけでなく、実際の戦闘にも参加した。パレル飛行場での一件以降は英印軍の警備活動が厳しさを増し、ＩＮＡとの間で衝突が頻発した。二月の第二次アラカン作戦でも、英印軍第七インド師団と第五インド師団の連絡を一時絶つという成果も残している（Pau, "Frontline Deployment Reconsidered"）。

作戦面とは別に、占領地行政の準備も行われた。自由インド仮政府が、モイランに施政のための拠点を設置したのである。インパール平原のちょうど真ん中にはロクタク湖というインド北東部最大の淡水湖があるが、モイランはその南端に面した町だ（現在はこの地の一角に「INA博物館」が建っている）。ここを足がかりにして、インパール陥落後には施政の範囲を拡大する予定だった。

一九四四年一月に自由インド仮政府とインド国民軍がラングーンに進出したことはすでに前章で触れた。チャンドラ・ボースはさらにメイミョーまで行き、日本軍とINAに続いてインドに入れる日を今か今かと待ちわびていた。ところが、当初インパール陥落期限とされていた四月二九日を過ぎても一向に色よい情報は入ってこない。ボースは自ら第一線に出て現場を視察したいと言い張ったが、光機関長の磯田やインド部長の北部が説得に当たった結果、四月末にメイミョーを発ってラングーンに戻ることに同意した。モイランの拠点も、インパール作戦の中止に伴って撤収せざるを得なくなってしまった。

「日英インテリジェンス対決」としてのインパールの戦い

インパールの戦いは、特務機関同士の戦いでもあった。印緬国境地域では英印軍側がVフォースをはじめさまざまな部隊により地元住民を組織化して活動を展開していた。

Vフォースでは、女性人類学者のアーシュラ・グラハム・バウワーが率いるナガ族部隊がナガ丘陵に展開し、日本軍の行動について情報収集を行った。日本軍は懸賞金をかけてまでバウワーを捕らえようとしたというが、彼女が網にかかることはなかった。増援部隊を率いて四月にコヒマに向かった英印軍第二英師団長のジョン・グローヴァー少将はナガ族の優秀さに驚嘆し、次のように絶賛している。

「彼ら〔ナガ族〕はどんな任務でも進んで引き受けてくれる。内容は情報収集的なものが多く、日本軍の背後にある村を訪ねたり、必要なときはポーター役や案内役を務めたりしてくれた。われわれは報酬を支払うと言っているが、彼らは見返りを求めずにあらゆる任務をやると言ってくれる。これまでナガ族は野蛮な首狩り族と教えられてきた。たしかにそういう者もいるが、圧倒的多数はとことん愛すべき人びとなのだ」（Fergal Keane, *Road of Bones*, p.295）

これに対し、日本軍側で情報活動を担ったのは光機関だった。メイミョーに戦闘司令所を置き、司令官は機関長の磯田三郎中将が務めた。タムやカレワ、ホマリンなど以前から国境付近に設置しておいた出張所を拠点として、工作班を繰り出し、宣撫工作や情報収集を展開した（『陸軍中野学校』pp.451-465）。

たとえば、コヒマ方面では金子工作班が情報戦を展開した。班を率いる金子大尉は一九四三年一二月からホマリン出張所を拠点とし、ゲリラ部隊や工作員に対する教育、潜入路の開拓、英印軍側現地部族兵の切り崩し、兵要地誌作成のための情報収集などに取り組んできた。インパール作戦が始まり、第三一師団はコヒマを占領したものの、増強された英印軍に相対さなくてはならなかった。そこで、金子大尉による工作班が現地に赴き、ＩＮＡの特務隊や現地工作員を加えて英印軍に対して投降を呼びかける活動を展開したほか、コヒマ周辺の村長を集めて組織化を図ろうともした（『陸軍中野学校』pp.458-459）。

ナガ丘陵のマオサンソン地区の場合、住民は日本兵を見つけると道の上から石を落としたり、食糧を秘匿したりと、対日感情はきわめて悪かったという。ここでは金子工作班で久保中尉が率いる班が対応に当たり、村長らを金銭で懐柔し、現地の行政機構を整備するなどした結果、「二〇日間に一二〇〇名分の糧秣が集まるようになった」と報告されている。さらに、この地区では小学校のほか、日本語学校も開いた（『陸軍中野学校』pp.459-460）。当時日本語学校があったことについては、現在でも記憶している人びとが現地にいる（カトリック教会のシスターとして長年インド北東部で医療奉仕活動に従事してきた延江由美子氏のご教示による）。

光機関は撤退する将兵向けの食糧供給でも重要な役割を担った。インド部長の北部によると、インパール作戦終了後に第三一師団の宮崎繁三郎からこう声をかけられたという。

「私は二十日分の糧秣を携行して、数ヵ月間印緬国境で作戦したが、其間軍からは一粒の糧食も送って貰えなかったのに、光機関から配属を受けていた某少尉が、山間民族に連絡して集めてくれた糧食で餓死を免れ、作戦を続行することが出来た。こんな大した機関は見たことがない」（北部「思い出と反省――インド独立運動の記――（二）」）

こうした対応は、一朝一夕にできるものではない。光機関は岩畔機関時代から通算しても三年程度の活動期間しかなかったのだが、そのなかで国境地帯の住民と一定の信頼関係を築いたことは評価されるべきだろう。

地元住民が見た「ジャパン・ラーン（日本戦争）」

日本軍・INAと英印軍が各地で激突するなか、その様子を地元住民はどう見ていたのか。作戦前から双方が彼等を対象に偵察・情報収集機関を構築していたことはすでに記した。ここでは、序章で登場した戦跡ガイドのヤイが手がけた聞き書き集『ジャパン・ラーンの忘れられた声　マニプルにおけるインパールの戦いと第二次世界大戦』から、三人の回想を一部抜粋して紹介したい。なお、「ジャパン・ラーン」とは現地語で「日本戦争」を意味する。ヤイによると、インパールの戦いだけでなく、日本軍の進攻によってビルマから大量のインド人難民がマニプルに押し寄せてきたときから終戦までをカバーするということだ。

ニントウコンジャム・モイランニントウは、当時一三歳の少年だった。住んでいたケイビ・クレンは、インパール北方のヌンシグムの麓にある村だ。日本軍第一五師団が一時占領し、インパールまでもっとも近づいた地点のひとつである。彼は日本軍と英印軍の戦闘の様子をこう振り返っている。

「空襲から一年くらい経った頃、日本軍がプカオ地区近くの丘を登りはじめました。丘の上でもっとも標高が高い地点を確保したのです。日本軍の登頂が英軍の知るところとなると、すぐにヘインガンに設置された大型の銃が火を噴き始めました。英軍の兵士は丘の頂上から日本軍を排除しようとしましたが、日本軍は手榴弾を投げて応戦していました。多数の死者が出ていたのは英軍側のほうです。ラムライ・ウマンライにあった大型の銃からも丘に向けて攻撃が行われていました。〔インパール市内にある〕カングラ飛行場から戦闘機が六機飛んできて、日本軍の各陣地に二発ずつ爆弾を投下していきました。衝撃で泥と木が空中に舞い上がっていました」

「英軍の戦車が三両、丘を登って日本軍の陣地を攻撃しました。戦車のことは『鉄の象』と呼んでいたものです。数日間にわたる戦闘の一部始終を、幹線道路から見ていました。まだ戦闘がつづいていたある日、マニプル人の警察官が来て、直ちにこの場所を立ち退くよう命じられました。わたしたち以外にも、安全を求めてインパールから移ってきた人びともいたのですが、彼らも動かなくてはなりませんでした。村に帰れたのは一九四四年七月末のことでしたね」（Yaiphaba Meetei Kangjam, *Forgotten Voices of the Japan Laan*, pp.29-30）

タオレム・ゴウラムホン・シンはティディム・ロード上の激戦地のひとつ、レッド・ヒル近くの村に住んでいた。戦いが起きたときには一〇歳。村には英印軍が駐留していたが、戦いが始まると丘陵地帯から日本軍がやってきたという。日本軍兵士は地元住民に変装して近くの市場まで偵察に出て、途中で英印軍を見つけると夜襲をかけていたと語っている。

「日本軍の兵士は優秀で勇敢な戦闘員でしたよ。大砲を持ってきていて、どの方面にも発射できる地点に設置していました。（中略）戦闘は断続的に行われていました。母や妹、弟は近くのコンカム村に避難していきました。父はわたしに残るよう言うと、食事を作り、彼も去って行きました。わたしが水を汲みに出たときには、自分の方にも銃弾が飛んできました。あれが命中していたら、こうして生きてお話しすることはできていなかったでしょうね。幸運でした」（Kangjam, *Forgotten Voices of the Japan Laan*, p.54）

女性の証言もひとつ紹介しよう。パネン・ハオキップはインパールからコヒマへとつづく道路沿いにあるガムノム村の住民だった。当時一三歳だった彼女は、日本軍の様子をよく覚えていた。

「日本軍はわたしたちの村から少し距離を置いたところに宿営地を作りました。〔インパール・コヒマの〕幹線道路に面した形で陣地を築いていたのです。戦闘がないときは、近隣の村まで来てわたしたちと時を過ごすこともありましたよ。コメや野菜をもらいに来ていて、わたしたちは進んで渡していたものです。食料は持ってきたのでしょうが、長い行軍の末に食べ尽くしてしまったのでしょうね。彼らがわたしたち村民に嫌がらせをするということはありませんでした。村にはビルマ語ができる人が少しいて、日本兵と話ができました。ほとんどの場合は身ぶり手ぶりでのやりとりでしたけどね」（Kangjam, *Forgotten Voices of the Japan Laan*, p.131）

彼女の未来の夫も、戦いの影響を受けたひとりだった。

「当時一〇代だった彼は日本軍についていき、ビルマ側のモルノイとカウンカンという地域にしばらくいたそうです。そこでＩＮＡに参加したのです。日本軍の兵士に無理矢理荷物の運搬人をさせられたんじゃないかという人もいますが、実際には自分の意思で日本軍についていくことにしたのです。軍に加わることにとても関心があったそうですから」（Kangjam, *Forgotten Voices of the Japan Laan*, p.133）

本には三〇人もの証言が収められており、ここで引用したのはごく一部にすぎない。日本軍に協力した者、英印軍に協力した者。いずれかから嫌な思いをさせられた者。「ジャパン・ラーン」は彼らひとりひとりの生活、場合によってはその後の人生に多大な影響を及ぼしたことがわかる。

遅すぎた作戦中止命令

インパールの戦況は、大本営も強い関心を持って注視していた。この時期の『大本営陸軍部戦争指導班　機密戦争日誌』を紐解くと、インパール作戦に関する言及が所々で出てくる。

三月二五日には「インパール作戦は極めて順調に進展しつつありて、先頭部隊はインパールより30㎞―40㎞の線に進出しあり」、四月一日にも「インパール主作戦方面は順調なり」との記述が見られ、懸念を抱いている様子はとくに見られない。四月二日には「自由印度仮政府を発展改組し自由印度政府の樹立を容認する件に関し関係各省間に協議す」との記述もあり、インパール作戦の進展に合わせてボースが仮政府を本格的な政府にしたいと考えていたことがうかがえる。

　ところが、早くも四月中旬には厳しい見方が出てくる。「インパール敵複郭陣〔陣〕地は半ヶ年の日子《につし》を費し相当堅固なり」（一三日）、「インパールの敵の抵抗は極めて頑強なり」（一九日）と、英印軍の防衛態勢が予想より強力のようだという認識が伝わってくる。そして、四月二五日には「インパール東方地区に於て一中隊玉砕せり」と、正確な所属はわからないが、部隊が全滅したことを特筆している。

　雨季に入り、戦況は悪化の一途をたどっていった。牟田口司令官は五月中旬に戦闘司令所を第三三師団が激戦を繰り広げていたビシェンプール（ビシュヌプル）近くに移動し、自ら督戦《とくせん》に立った。この方面を最重視していた彼は、山本支隊から戦車や重砲を引き抜いて転用したほか、ビルマ方面軍からの増援部隊もすべて投入するほどの力の入れようだった。しかし、それでもここを突破することはできなかった（『戦史叢書　インパール作戦』

pp.605-606)。

ビシェンプール攻略を断念した牟田口はインダンギーに戻ることにした。六月五日には、牟田口とビルマ方面軍司令官の河邊が対面した。雨季の真っ最中で、補給の改善もさらなる増援部隊の派遣もあるわけではなかった。戦況が好転する要素は何一つなかった。作戦が失敗したのは誰の眼にも明らかだったのである。しかし、二人の将軍は無言のままだったという。「撤退」の一言を言い出せなかったのだ。結局、このとき結論は出なかった。

六月二六日、第一五軍の久野村参謀長が「軍司令官の意中を察し」、ビルマ方面軍に事実上の作戦中止を求める意見具申案を作成した。牟田口は「黙ってこの電報を決裁しすぐ打電させた」という。しかし、方面軍からの指示は、まさかの「作戦継続」だった。

「〔第一五〕軍よりかくの如き消極的意見具申に接するは意外とするところなり。方面軍としてはただ任務に基く攻勢あるのみ。軍としても一意現任務達成に邁進せらるべし」(『戦史叢書　インパール作戦』p.607)

印緬国境地域では、日本軍の将兵が想像を絶する環境に置かれていた。補給は途絶したままで、蔓延するマラリアや赤痢に打つ手はまったくなく、経験したことのない豪雨のなかを徒歩で移動するのがやっとだった。飢餓や病、負傷で歩けなくなった者は道端に座り込むしかなかった。手榴弾で自決した者もいたが、多くは力尽きて息を引き取っていった。将兵の遺体は放置され、やがて骨だけになった。「白骨街道」はこうやって国境地域のあちこちにできていった。

これほどまでに戦局が悪化しても、なお作戦継続を命じる意図は何だったのか。これはもはや牟田口個人の暴走だけで説明できる話ではないし、戦闘を継続することで作戦目的の達成に近づけるとも思えない。とはいうものの、命令は命令だった。意気消沈していた牟田口は精気を取り戻し、今度はパレル方面を突破すべく部隊の配置に取りかかった。

実は第一五軍とビルマ方面軍の間で電報が交わされた日から遡《さかのぼ》ること四日前、インパールの戦いの帰《き》趨《すう》を決定づける事態が起きていた。英印軍がインパールとコヒマを結ぶ道路の打通に成功したのである。コヒマ方面から英印軍第二英師団が日本軍第一五師団の残存部隊を撃破しながら南下し、六月二二日にインパールから北上してきた第五インド師団と合流した。イギリスの公刊戦史は、これをもって「インパールの戦いは終わった」としている。そして、こうつづけている。「いまや、英〔印〕軍司令官の関心は、〔日本の〕第一五軍にもたらした敗北をさらに壊滅へと進めることにあった」（Kirby, *The War Against Japan*, Vol.III, p.359）。ここまで来てもなお戦闘をつづける日本軍に対し、英印軍は攻勢の手を緩めるつもりはなかったのである。

七月一日、大本営はようやく作戦中止命令を出した。南方軍からビルマ方面軍の河邊のもとに命令が届いたのは同月三日のことである。あまりに遅すぎる決定だった。チャンドラ・ボースに伝達されたのはさらに遅く、同月一二日だった。ボースはＩＮＡだけでも印緬国境地域に残って戦闘をつづけたいと主張したが、最終的には折れて部隊を撤退させることに同意した。

中止命令が出たからといって、その時点で生き延びていた将兵が助かるとはかぎらない。食糧も医薬品もなく、自力で移動しなくてはいけないことに変わりはなかったからだ。その意味で、前線にいた彼らにとっての「インパール作戦」はまだ終わっていなかったのである。

「白骨街道」

インパールやコヒマからの撤退戦は、「白骨街道」と呼ばれるほどに凄惨なものだった。

ここで、コヒマの戦いに参加した第三一師団のある兵士が戦後に記した回想を紹介しよう。

「わたしたちの部隊は、『烈』兵団の指揮下にあって、インパールの後方を遮断するコヒマを占領していました。しかし、いくら待ってもインパールは落ちません。それどころか、コヒマは前方インパールと、後方リマプール〔ディマプル〕の敵軍によって挟撃されるにいたったのです。前後から敵弾が飛来するわたしたちの上に、雲が低くたれこめて、雨がやってきました。恐ろしいモンスーンがついにきたのです。ずぶ濡れの中で、糧食も、弾薬もなくなりました。下がるに下がれない雨中ですが、そうしていれば、餓死のからだを白くさらしてしまうだけ、という絶体絶命の時を迎えたのです」

「ビルマに向かって、降りつづける雨の中を、アラカン山脈四十九の山ごえが待っている敗兵の行軍です。一山こすのに一日。谷まという谷まは急流となって、ゴウゴウと音を立てています。衰弱したからだは、その流れに負けてしまうのです。食べるものはなにもありません。わたしたちが噛んでいたのは、とちゅうにはえているタケノコだけでした」

「死は死を呼ぶといいますが、わたしは目のあたりにそれを、つぎからつぎへと見ました。ひとりが倒れて息絶えると、そのそばにヨロヨロと寄って行って、ばったり倒れるのです。そのようにして、二十人、三十人と折りかさなり、水ぶくれになって、降りしきる雨にさらされている死体のかたわらを通りすぎ、何十日かののちにようやくビルマにはいりました」

この兵士は、一九六四年の東京オリンピックの女子バレーボールで「東洋の魔女」の異名をとった日本代表チームを率いて、金メダル獲得に導いた大松《だいまつ》博文監督だ（引用部分は大松博文『おれについてこい！』pp.229-230）。

しかし、「白骨街道」という呼び方すら甘いという指摘もある。戦後、女性下着メーカーのワコールを創業する塚本幸一は、徴兵されて第一五師団の一兵卒としてインパール作戦に参加した経験を持っている。彼も戦後に残した回想で、撤退時の様子をこう振り返っている。

「飢餓と豪雨、それに悪性のマラリア、赤痢などの疫病による悪夢のインパール退却行だった。

これを後年の戦記では、『白骨街道』とか『靖国街道』とか呼んでいるが、〝街道〟というような生やさしいものではない。アラカン山系の道なき道を、谷から谷へ逃亡するのだ。その日本軍を敵は容赦なく追ってくる。

悲惨なものである。われわれは、ただ歩いているだけである。いや、歩ける者はよい。行く道には、既に白骨になっている者、半死状態で、通り過ぎて行く戦友に何かを語りかけようとしている者。負傷した傷口からダラダラとウミを流しながら、放心状態で座っている者。もうそれは地獄絵そのままである。時折りあちらこちらの谷から、手榴弾で自らの生命を絶っている音が聞えてくる。その上、雨期はますます激しくなり、道が泥水の川となって、逃亡するわれわれを苦しめる。」（塚本幸一『塚本幸一　わが青春譜』pp.167-168）

彼らの回想にあるように、携行していた三週間分の食糧はとっくに尽きていた。その上、豪雨のなかを幾重にも連なる山を越えていかなくてはならなかったのである。生還できただけでも奇跡と呼ぶべきものだった。

日英両軍の被害状況

激戦と過酷な環境のなかで行われたインパールの戦い。四か月近くに及んだ期間で、日本軍と英印軍にどれだけの人的被害をもたらしたのだろうか。日英両国の公刊戦史を中心に見ていこう。

まず、日本軍の戦死者数について。『戦史叢書』は「インパール作戦に参加した総人員や同作戦間の総損耗（中略）はその実相調査が至難」であると断っている。加えて、途中から作戦に参加した補充要員が相当数いた一方で、戦傷病者のなかにはその後死亡した者がいたこと等もあり、全体像の把握をいっそう困難にしているという（『戦史叢書　イラワジ会戦』p.208）。

それでも『戦史叢書』は各部隊の記録等をもとにして、インパール作戦の人的損害について推計を試みている。その結果をまとめたのが次ページの表2である。

戦死と戦傷病死を合わせた数字は、第三一師団で五七六四人、第三三師団で五八五五人、第一五師団にいたっては七五二一人に上る。三個師団を合計すると一万九一四〇人にもなる。しかし、これ以外にも行方不明者の大半は死亡した可能性が高いと考えられるし、後

表2　インパール作戦に参加した日本軍の人的損害

	第15軍(注1)			
	第15師団(祭)	第31師団(烈)	第33師団(弓)	合計
兵力数(注2)	15,280	14,999	14,280	44,559
戦死	3,678	3,700	4,002	11,380
戦傷病死	3,843	2,064	1,853	7,760
死亡計	7,521	5,764	5,855	19,140
行方不明	747	不詳	405	-
後送患者	3,703	不詳	不詳	-

出所)『戦史叢書　イラワジ会戦』pp. 209-211をもとに筆者作成。
注1)3個師団とは別に、軍直轄部隊(約36,000人)がある。
注2)配属部隊は含まれていない。

送患者のなかにも死亡した者は相当な割合でいただろう。加えて、軍直轄部隊（約三万六〇〇〇人）や配属部隊（他部隊から臨時に配属された部隊）については「集計は困難」とされており、これらを加えると、実際の総死者数ははるかに多いことは確実だ。

なお、イギリスの公刊戦史『対日戦』は、日本軍の参加兵力を八万四二八〇人とした上で、戦死・行方不明・死亡（戦病死）の数を三万五〇二人としている（Kirby, *The War Against Japan*, Vol.III, p.372）。これだと約三六パーセントが命を落としたことになるが、前線に出て戦った部隊に限定すればその割合はさらに高くなるだろう。

これに対し、日本軍ほどではなかったとは

いえ、英印軍も多数の死者を出した。『対日戦』が示す死者数は一万六六六七人となっている。内訳を見ると、コヒマ方面で四〇六四人、インパール方面で一万二六〇三人である(Kirby, *The War Against Japan*, Vol.III, pp.526-527)。コヒマだけで全体の約四分の一を占めていることになり、ここでの戦いの激烈さがうかがえる。イギリスではインド北東部での戦いが「インパールとコヒマの戦い」と呼ばれたり、「コヒマの戦い」と単独で扱われたりすることが少なくないのもこの数字を見ると納得がいく。

なお、インパールの戦い以前に行われた戦闘で、第一七インド師団と第二〇インド師団は九二〇人の死者を別途出している。さらに、アラカン戦線で七九五一人、チンディット遠征隊（ウィンゲート旅団）をはじめとする特殊部隊で三六二八人が死亡しており、これらを合わせた一九四三年一一月から四四年七月までの総死者数は二万九一六六人に上っている（Kirby, *The War Against Japan*, Vol.III, pp.526-527)。

ＩＮＡについては正確な死傷者数はわかっていないが、三分の一が死亡、別の三分の一が負傷したという指摘がある（Hemant Singh Katoch, *Imphal 1944*, p.88)。第一遊撃連隊を率いて前線に出たシャー・ナワーズ・カーン中佐は、一九四四年一〇月にチャンドラ・ボースがメイミョーの病院を訪問した際、戦傷や赤痢、マラリアで二〇〇〇人近いＩＮＡ兵が入院していたと記している（Khan, *My Memories of I.N.A. and its Netaji*, p.158）。

こうして、牟田口が「一発逆転」をねらったインパール作戦は、逆にビルマの防衛態勢を大きく揺るがすことになっただけでなく、南方の日本軍に計り知れない打撃を与えた。一方、英印軍は日本軍に対して圧倒的に有利な立場に立つことになった。日本軍の敗残兵を掃討しながら、一度は撤収したティディムやタムに再び進駐していった。スリムら第一四軍は、次の目標に取りかかろうとしていた——ビルマの奪還である。

終章　「インパールの戦い」とは何だったのか

レッド・ヒルの日本軍兵士慰霊碑（著者撮影）

「インパール後」の英印軍と日本軍

インパールの戦いで惨敗を喫した日本軍は、ビルマ中部のマンダレー付近にまで撤退した。膨大な数の将兵を戦闘のみならず飢餓や感染症で失い、帰還できた部隊も組織の体をなしていない状態だった。「師団」と言っても実質的には一個連隊程度にまで戦力が低下していたのである。牟田口廉也中将は一九四四年八月に第一五軍司令官の任を解かれ、参謀本部付になった。作戦失敗の責任を問われての更迭だった。ビルマ方面軍司令官の河邊正三中将も同じく参謀本部付となった。インパール作戦に参加した三個師団の長はいずれも牟田口によって更迭ないし交替させられたが、その牟田口、さらに河邊までもが解任されてしまった。この敗北がいかに深刻な結果をもたらしたかを物語っていると言える。

一方、インパールとコヒマで日本軍に勝利した英印軍は、雨季明け後に追撃態勢に入った。日本軍はイラワジ河を防衛線と定め、一九四四年一二月に英印軍に決戦を挑んだが、三か月あまりにわたる戦闘の結果、ここでも敗北を喫した。なお、このイラワジ会戦にはインド国民軍（ＩＮＡ）の第二師団も戦闘に加わったが、英印軍には敵わず、脱走兵も少なくないなど厳しい戦いを強いられた。

ビルマ反攻は中国側からも行われた。インパールでまだ戦闘が続いていた一九四四年五月、蔣介石の中国国民党軍（雲南遠征軍）が雲南省の怒江《どこう》を渡り、日本軍第五六師団に攻撃を仕掛けた。中国軍は一六個師団という大部隊だっただけでなく、連合国の支援で装備も格段に向上していた。それでも第五六師団は限られた兵員と装備のなかで善戦し、龍《りゅう》陵《りょう》と平戞《へいかつ》で包囲を解くことに成功した。しかし、拉孟《らもう》と騰越《とうえつ》では、九月に守備隊が玉砕する結果に終わった。一方、ビルマ北部の要衝ミートキーナ（ミッチーナー）も、米中連合軍とカチン族ゲリラ部隊による攻撃を受け、日本軍の守備隊は一九四四年八月に撤退した。一連の敗北によって、一九四二年以来遮断しつづけてきた陸上の援蔣ルートはついに打通されることになったのである。

一九四五年三月二七日、日本軍に衝撃が走った。アウンサン率いるビルマ軍が反旗を翻したのである。ビルマは四三年八月に独立を付与されていたものの、実態は依然として日本軍の強い影響下にあった。アウンサンは決起の半年以上前、四四年後半の時点で日本軍に見切りをつけていたが、これは第一五軍がインパール作戦に失敗した後のことである。日本軍は「ビルマ防衛」の名の下にインド北東部に進攻したが、その結果、守るべきビルマで内部からの反乱を惹起《じゃっき》することになってしまったのである。

五月にはラングーンが陥落した。その後も日本軍は敗走を続け、八月の降伏に伴い、ビルマは英印軍によって完全に奪還された。

情報活動にかけたエネルギーの差

インパールでは、四か月近くにわたり日本軍と英印軍が戦闘を繰り広げた。これまで見てきたように、日英両軍とも戦闘部隊はもちろん、特務機関や現地住民による部隊も加わって印緬国境地域でしのぎを削りあった。日本軍はＩＮＡを友軍として共同作戦という形をとることもした。

この戦いで勝敗を分けた要因については、これまでもさまざまな角度から議論が行われてきた。その多くは日本軍内部、とりわけ第一五軍司令官として作戦を主導した牟田口廉也中将個人に目を向けたものだった。盧溝橋事件にかかわることで大戦のきっかけを作ってしまったという彼なりの個人的な責任感からインパール作戦に猛進してしまったこと。あまりに短い期間でインパールを攻略しようとし、そのために無理がある作戦計画を立ててしまったこと。にもかかわらず、肝心の補給を軽視し、豪雨のなかで膨大な数の将兵を餓死・病死させてしまったこと。牟田口に向けられた非難は枚挙にいとまがない。

どれももっともな指摘だし、こうした点は本書でも言及してきた。しかしここまで見てきたように、インパールの戦いは牟田口ひとりの問題でおさまるものではない。

日本軍と英印軍では、この戦いに込めた目的が大きく異なっていた。そのために「準備」と「情報活動」にかけたエネルギーも段違いだった。

日本軍はインパール作戦を通じて、ビルマの防衛態勢を強固にするだけでなく、華々しい戦果を挙げることで全体の戦局に漂う閉塞感をなんとかして払拭し、形勢を逆転したいと考えた。それを主唱したのはたしかに牟田口だったが、大本営も同様の考えから作戦を認可したのだった。ただ、最終的にアッサムのディマプルに突進しようと考えていた牟田口と、やるにしてもインパール攻略まででとどめておきたかったビルマ方面軍の河邊や南方軍のあいだの認識のずれは最後まで埋まることがなかった。

ディマプルは言うに及ばず、インパール攻略ですら膨大な準備と情報収集が必要になる。妥当性のある作戦計画の立案にはじまり、部隊の移動や補給態勢の整備といった作戦に直接かかわる作業に加え、兵要地誌に必要な現地の地形や自然条件、民族・社会事情についての情報が不可欠だ。印緬国境のようにさまざまな部族が居住する地帯であれば、彼らと良好な関係を構築することは円滑な作戦実施にとっていっそう重要性を帯びてくる。

その点、期間と人員がきわめて限られていたことを踏まえれば日本軍は大きな成果を挙げたと言える。F機関から岩畔機関を経て光機関にいたるインド工作機関には軍人だけにとどまらない多様な人材が集まり、各々の専門性や強みを活かしてインド国民軍および自由インド仮政府との連絡や各種情報収集、現地住民との関係構築に取り組んだ。しかしいかんせん、活動に着手するのが遅すぎたという感は否めない。日本軍にとってビルマはもちろん、インドはあまりに遠い存在だった。対米英戦が始まる頃から慌てて動き出しても、自ずと限界があった。陸軍がソ連や中国だけにとどまらず幅広い視野に立って戦略を持ち、中野学校や大川塾での人材育成がせめてあと数年早く始まっていたらどうなっていただろうか。一九四二年の「二一号作戦」をめぐる判断も違うものになっていたかもしれないし、もし作戦を実施していたら、それこそ戦局全体に計り知れないインパクトを及ぼしていたかもしれない。

実際、光機関インド部長の北部邦雄は戦後の回想で、インド北東部に進攻するなら、一九四四年ではなく四二年にすべきだったと強調している。少々長くなるが引用しよう。

「ビルマ作戦後、約二年間も経過し、英印軍に敗戦立直しの時間的余裕を与え、ビルマ作戦当時の空中勢力が逆転し、敵が攻勢に転ぜんとする時機に、無理な作戦をやったのであって、同じ無理をするならビルマ作戦に引続き、一部と雖《いえど》も印緬国境に敗退する敵を急追し、コヒマ・インパールの線を確保し、十七軍〔一五軍の誤りか〕の雨期明を待って、東印度に進入していたならば、当時の印度国内の状勢より判断し、印度国内は大混乱に陥り、英軍は印度より退却の余儀なき状況になったと思う。当時エジプトに於ては、ドイツ軍が英軍を圧迫して暴威を振っているし、之に大きく策応し得、英軍の戦略的不利は大変なことであったと思う」（北部「南方に於ける思出と反省――インド独立運動の記――（六）」）

光機関という「情報戦」を担った組織の幹部としてビルマとインドを見てきた者の言葉だけに、至言と言うほかない。

とはいえ、インパール作戦にかぎらず「作戦重視・情報軽視」の風潮があった日本軍に先を見据えた情報活動が果たして可能だっただろうかという疑問も残る。この認識が人事に対する将官の受け止め方に表れていたことを示すエピソードを紹介しておこう。

第五章で触れたように、マレー作戦でF機関を率いた藤原岩市は、インパール作戦前に第一五軍参謀となった。このとき藤原は「作戦主任参謀」のポストに就くことを期待していたが、実際に担当することになったのは「情報主任参謀」だった。藤原がF機関で発揮した才能を踏まえれば、情報担当は適任ではないかと考えられるが、その彼ですら作戦のほうを担当したかったと考えていたことは、いかに当時の軍のなかで情報部門の位置づけが低かったかを示唆《しさ》している。

英印軍に対する「侮り」

最初の成功体験に引きずられてしまったことも、その後の英印軍に対する過小評価をもたらすことになった。

牟田口は第一八師団長だった一九四二年二月、シンガポール攻略で最大の要衝、ブキテマ高地の占領に成功した。英軍にとってアジアの最重要拠点だったシンガポールを陥落させた立役者は、牟田口だと言っていい。しかし問題は、そのときの経験が「英軍取るに足らず」という認識を彼に植え付けたことだった。インパール作戦発起前の時点で、牟田口はこう語っている。

「英印軍は中国軍より弱い。果敢な包囲、迂回を行なえば必ず退却する。補給を重視し、補給についてとやかく心配することは誤りである。マレー作戦の体験に徴しても、果敢な突進こそ戦勝の捷路である」（『戦史叢書　インパール作戦』p.153）

　牟田口は中国でもシンガポールでも戦ってきたのだから、彼なりに実感があっての発言だろう。しかし、このときからの二年間で、英印軍は大きく変貌を遂げた。一九四四年にインパールで相対した英印軍は、シンガポールの英軍とは別物になっていたのだ。

　この間、認識を改める機会がないわけではなかった。一九四三年にウィンゲートによる長駆浸透作戦が行われた際、牟田口は掃討に当たった。印緬国境を越えて日本軍の背後まで移動してきた「チンディット」を目の当たりにして、彼のビルマ防衛に対する認識が根底から覆《くつがえ》されたことは第五章で見たとおりだ。これがきっかけで一度は棚上げされたインド北東部進攻作戦が牟田口のなかで急速に現実味を帯びていったのである。ところが、チンディット来襲は、なぜか戦う相手である肝心の英印軍に対する見方には影響を及ぼさなかったようだ。

これは、牟田口個人の問題という以上に、日本軍全体にはびこっていた認識だったのかもしれない。対米英戦開戦時、南方に向かう日本軍将兵は誰もが一冊の小冊子を携えていた。『これだけ読めば戦は勝てる』という、七〇ページからなるポケットサイズの冊子だ。英軍を初めて相手にするマレー作戦やシンガポール攻略に際して、戦いの意義から船中での過ごし方、戦闘の各段階の解説までを平易な文章で記したもので、移動中の船内で将兵全員に配付されたという。作成者は「大本営陸軍部」となっているが、実際には一九四一年当時、台湾軍に在籍していた辻政信参謀が中心となってとりまとめたものである（辻政信『シンガポール――運命の転機――』）。

そのなかに「敵は支那軍より強いか」という項目があり、こう記されている。

> 「今度の敵を支那軍に比べると将校は西洋人で下士官兵は大部分土人であるから軍隊の上下の精神的団結は全く零だ、唯飛行機や戦車や自動車や大砲の数は支那軍より遥かに多いから注意しなければならぬが旧式のものが多いのみならず折角の武器を使うものが弱兵だから役には立たぬ、従って夜襲は彼等の一番恐れる所である」（『これだけ読めば戦は勝てる』p.15）

「上下の精神的団結は全く零」「弱兵だから役には立たぬ」といったあたりに、植民地軍としての英軍に対する侮りがうかがえる。しかも、序盤の南方戦線で英軍が早期に降伏したことで、日本軍の将兵はこれに書かれているとおりだと思ったとしても不思議ではない。「勝って兜の緒を締めよ」とはならなかったのである。

英印軍の勝利をもたらしたもの

　一方の英印軍は、一九四二年の敗北から教訓をくみ取り、将来の日本軍との戦いに活かそうとした。もし日本軍が攻勢をつづければイギリス植民地の要であるインドが不安定化することになりかねなかったし、英印軍が反攻に出る場合でも、ビルマ奪還はアジア戦線の最初の山場だったからである。

　とはいえ、英印軍もインドに撤退して間もない頃は、ビルマ奪還を焦るあまり、準備不足で性急な行動に出たこともあった。第一次アラカン作戦の失敗はその代表例だ。ウィンゲートの「チンディット」にしても、日本軍に与えた心理的効果はともかく、部隊に多大な損害を出す一方、作戦としての成果は限定的だった。

しかし、インパールでの決戦まで二年間が空いたことで、英印軍は徹底した準備を行う余裕を手にすることができた。スリムという稀有な司令官を得て、第一四軍の将兵は生まれ変わった。スリムは食糧事情の改善や感染症対策、医療態勢の整備といった基礎的な課題に注力することで、折れてしまった将兵の士気を高めることに成功した。

スリムは情報をとことん重視した。英印軍からビルマ奪還作戦を試みるにしても、日本軍がインド北東部に進攻してくるにしても、必ず印緬国境地域を通ることになる。チン丘陵やナガ丘陵、カチンなどで現地の部族を組織化し、情報提供態勢を整えておくことのプライオリティは高かった。この目的のため、長年の植民地統治で蓄積した辺境地域の地誌だけでなく、現地で活動する人類学者や行政官といった人材をフル活用した。この態勢があってこそ、英印軍は戦いを有利に進めることができたのである。

皮肉なのは、ここまでしてインドを防衛し、ビルマを奪還したにもかかわらず、戦勝からわずか三年以内に両国ともイギリスから独立したことだった。対日戦に勝利したからといって、被支配国の民衆が無条件にイギリスを支持したわけではなかったのである。すでに第二次大戦の最中から、アメリカが脱植民地化を掲げていた。その影響をもっとも被ったのは世界中に領土を持つイギリスだったのだ。大英帝国は「コモンウェルス（英連邦）」

となって再出発を図るが、第二次大戦以前の圧倒的な存在ではもはやなくなっていた。

チャンドラ・ボースとインド国民軍のその後

ＩＮＡを率いたチャンドラ・ボースについても触れておきたい。

国外からインドを解放しようとしたボースにとって、日本軍は重要な協力相手だった。ＩＮＡ単独でのインド進攻は戦力的に論外だったし、そもそもＩＮＡ自体が日本軍の関与で創設されたものだったからだ。実態としては、協力というよりは日本に依存していたのである。

だからこそ、ボースはＩＮＡや自由インド仮政府が日本軍や日本政府と対等な関係――いかにそれが形式的なものであっても――を築くことにこだわった。英印軍はＩＮＡを「日本軍の支援を受けた部隊」を意味する「ＪＩＦ《ジフ》」、あるいは「第五列《フィフス・コラム》」と呼んでいた。自分たちが日本の傀儡ではないことを示すためにも、ボースはＩＮＡと仮政府の独立性を確保しようとした。

インパールの戦いに際して、ボースは日本軍との共同作戦という形にするだけでなく、ＩＮＡを独立した部隊として戦闘に投入させるよう要求した。おそらく、彼はＩＮＡの実力――あるいは限界――をよく理解していたはずだ。それでもなお、主体的な形で作戦に参加しようとしたのは、将来のインド独立を見据え、ＩＮＡに解放軍としての正統性を伴わせるための布石だったのではないかと考えられる。

ボースの構想は、日本軍がインパール作戦に失敗したことで頓挫した。それでもなお彼は闘争を続けようとした。第二次大戦終結後は連合国が分裂すると見て、ソ連と連携しようと考えたのである。日本がポツダム宣言受諾を発表した二日後の一九四五年八月一七日、ボースは日本軍機でバンコクを発ち、大連に向かおうとした。そこから満洲・ソ連国境まで行き、ソ連軍と接触しようと考えていたのだ。ところが、一八日に給油のため立ち寄った台北の松山飛行場で搭乗機が離陸に失敗し、ボースは事故死してしまう（ただし、インドには生存説がいまなお根強くある）。

ボースの死から二年が経った一九四七年八月一五日、インドはついにイギリスから独立した。ただし、それはボースやガンディーが夢見た統一した形ではなく、インドとパキスタンの誕生という「分離独立」だった。両国は独立後、カシミール地方の帰属をめぐり戦争を始める。悲願の独立は達成したものの、現在までつづく新たな紛争の種が蒔かれてしまったのである。

生前、ボースはインド人の宗教的融和の実現に心を砕き、INAや自由インド仮政府でそれを徹底した。自身の周辺では、ドイツ時代から付き従った副官のハビーブル・ラヘマーンはムスリムだった。戦後、英印軍はINAの幹部を反逆罪の容疑で裁判にかけた。「レッド・フォート裁判」と呼ばれるこの軍事法廷で、大半のインド人は初めてINAの存在を知り、これが独立闘争を一気に加速させることになった（Joyce Chapman Lebra, *The Indian National Army and Japan*, p.109）。このとき被告にされたプレム・サヘガル、シャー・ナワーズ・カーン、G・S・ディロンがそれぞれヒンドゥー教徒、ムスリム、スィク教徒だったことは、幹部レベルで宗教的多様性が反映されていたことを示している。ネータージー（「指導者」の意で、ボースの敬称）が戦後もいたら、分離独立は避けられたのではないか——そう考えるインド人はいまでも多い。

スリムのもうひとつの「想定外」

本書では「準備」が重要であり、そのためには「情報」が不可欠であると繰り返し説いてきた。しかし、その一方で「想定外」の事態がさまざまな局面で起こるのも戦争である。準備万端で日本軍をインパール平原に引き込み、補給線が伸びきったところを叩こうというのがスリムの作戦だった。ところが、日本軍の作戦発起時期を読み違えたり、コヒマ攻略部隊の規模を過小評価したりと、「誤算」がないわけではなかった。もちろん、日本軍のほうにも誤算が数多くあったのは言うまでもない。

そのスリムは、日本軍との戦いでもうひとつの誤算に直面した。想定を上回る現実を目の当たりにした、と言ってもいいかもしれない。それは、日本軍兵士の強靱さである。一九四二年のビルマ撤退からインパールやコヒマの戦いを経て、四五年のビルマ奪還にいたるまで、スリムは極限の状況に置かれても戦いつづける日本兵に目を見張った。インド北東部とビルマで戦った彼らに対するスリムの賛辞を引用して、本文を締めくくることにしたい。

「日本軍の強さは上級指導部にあるのではなく、個々の日本兵の精神にあるのだ。彼らは死の直前まで戦い、進軍をつづけた。五〇〇人の日本兵がある拠点の守備を命じられたとしよう。わが軍がその拠点を確保するまでに、四九五人を殺害しなくてはならない——そして、残る五人は自決してしまうのだ。このような忠誠と勇敢さの結合があったからこそ、いかなる状況下においても日本軍はかくも手強い存在でありつづけた。このような兵士がいてくれれば、どの国の軍でも手強い存在になることだろう」（Slim, *Defeat into Victory*, p.615）

あとがき

インパールの戦いについて記されたイギリス側の文献を読んでいると、「忘れ去られた（forgotten）」という形容詞がついたタイトルがいくつも目につく。「忘れ去られた軍隊（Forgotten Army）」はスリムが指揮した英印軍第一四軍の二つ名のように用いられている。参加した将兵の証言集にいたっては、『忘れ去られたビルマ戦の声　第二次世界大戦の忘れ去られた戦闘（*Forgotten Voices of Burma: The Second World War's Forgotten Conflict*）』と、二回も「忘れ去られた」という言葉が付いている。巻末の参考文献リストには、他にも「forgotten」を冠したタイトルの書物が複数ある。

序章で記したように、インパールとコヒマの戦いはイギリスの「グレイテスト・バトル」に選出されるほどの激戦だった。それがなぜ、こうも「忘れ去られて」しまっていたのか。

ひとつには、ノルマンディー上陸や「バトル・オブ・ブリテン」など、自国ないしその近辺で起きた戦いのほうにこれまでは関心が行きがちだったことがある。イギリスにとってインドという植民地が重要だったにせよ、当時の感覚ではあまりに遠く離れた場所だった。ましてや戦場となったのは、印緬国境地域という辺境だった。インパールやコヒマと言われても、いったいどれだけのイギリス人が現地の様子を想像できただろうか。

もうひとつの理由は、戦後になっても現地へのアクセスが困難だったことだろう。最近まで北東部は、インドのなかでもっとも訪問しづらい地域のひとつだった。背景には、各州で反政府武装闘争がまだつづいていたことがあった。このため、アッサム州等を除く北東部を外国人が訪問する場合、「保護地域訪問許可証（ＰＡＰ）」という入域許可証の事前取得が義務づけられ、一定人数以上のグループであることや滞在場所も事前に申告する必要があった。となると、気ままな個人旅行でというわけにはいかず現地の招待を受けるとかグループを組んで入念に準備をしてというように、訪問の機会はかなり限られていた。わたしもデリーに在勤時に北東部に行きたいと思っていたが、そのときは手続きの煩雑さから断念した記憶がある。

そのＰＡＰが、マニプル、ナガランド、ミゾラムの三州については二〇一一年一月から不要になった。これによって、現地を訪問するハードルはぐっと下がった。デリーやコルカタとインパールやディマプルを結ぶ航空路線が新設・増便され、観光インフラが整備されていった。戦いに参加したイギリス人将兵やその遺族が現地を訪れるようになった。インパールのヤイのような戦跡ガイドも出てきた。この結果、インパールとコヒマの戦いの意義や戦闘の苛烈さが知られるようになっていったのではないかと考えられる。その意味では、第一四軍はもはや「忘れ去られた軍隊」ではなく、「記憶に刻まれた軍隊」に変わったと言えるかも知れない。

しかし、インパールの戦いで「忘れ去られていた」のは英印軍だけでない。

そのひとつは、チャンドラ・ボースと彼が率いたインド国民軍（ＩＮＡ）だ。二〇〇五年にボースをテーマにした映画がインドで公開されたが、そのタイトルは『ボース　忘れ去られた英雄（Bose: The Forgotten Hero）』だった。二〇二〇年にオンライン配信されたＩＮＡについての連続ドラマも、『フォーガットン・アーミー（The Forgotten Army）』というタイトルが付されていた。このことは、ボース自身の知名度は高くても、彼が具体的に何をやったのか、ＩＮＡがインパールでどのような役割を担ったのかについては、インド本国でもまだ十分に知られていないことを示すものだった。

「忘れ去られた」存在はまだある。ナガ丘陵やチン丘陵、インパール平原の現地住民にとってこの戦いは巻き込まれた以外の何ものでもなかった。戦火から逃れるため家を捨てて避難した者もいたが、その一方で、なかには日本軍と英印軍いずれかに協力する者も現れた。好むと好まざるとにかかわらず、誰もが「選択」や「決断」を迫られたのである。ところが、インパールやコヒマに関する戦史で彼らの状況が顧みられることはほとんどと言ってよいほどなかった。

軍のなかでも、日本軍の光機関や英印軍のＶフォースといった組織については、「忘れ去られた」以前に、そもそも「知られていなかった」部分が大きかった。いずれも特務機関的な、言ってみれば黒子のような存在だったからということもあるが、その役割に比して、取り上げられる度合いは低いままだった。

英印軍にしてもＩＮＡにしても、あるいは現地の人びとにしても、イギリスやインドでさえこれまでよく知られてこなかったのだから、日本ではなおさら「忘れ去られた」存在でありつづけてきたのも無理はなかったと言える。「インパール作戦」自体の知名度こそ高いのだが――組織による無謀な行動を指す際にも使われるほどだ――、日本軍の体質や意思決定構造の問題点、司令官の評価といった内向きの議論に終始してきたきらいがあった。

こうした経緯や状況を踏まえた上で、本書はインパールの戦いで「忘れ去られた」、あるいは「知られざる」側面に光を当てることで、これまでの議論とは一線を画すインパール論を展開しようとした。新書という性格上、個々の事例について詳細まで記すことができなかった部分もあるが、類書にはない視点を提供できたはずだと自負している。本書がきっかけとなって、インパールの戦いをめぐる議論がさらに活発になることを願っている。

　文春新書編集部の前島篤志編集長は、日英両軍の戦いとしての「インパール」を描くことの意義を高く評価してくださり、本書の出版を快諾してくださった。また、新書編集部の水上奥人さんは、企画段階から一貫して関わり、テーマ設定から原稿の細部にいたるまで的確なアドバイスをしてくださった。水上さんとは拙著『インド独立の志士「朝子」』に関心を持って連絡をいただいたとき以来のご縁だが、こうして一冊の新書を世に送り出すことができたことを嬉しく思うとともに、心からの感謝の気持ちを表したい。

　この企画を文藝春秋から出版させていただくに当たって、ぜひ読んでいただきたい方々がいた。まず月刊『文藝春秋』の元編集長で歴史作家の半藤一利さんである。旧軍関係者への豊富な聞き取りにもとづいた、平易でいて奥の深い文章でつづられた作品をこれまで何冊も読んできた。ご本人と面識があったわけではなかったが、出版の暁には半藤さんのご感想を伺うことができればと思っていたのだ。ところが、執筆を進めていた二〇二一年一月一二日、半藤さんの訃報に接することになった。密かに抱いていた願いは叶わなくなってしまった。半藤さんのご冥福をお祈りするとともに、本書がせめてもの手向けになればと思っている。

また、ノンフィクション作家の保阪正康さんからは、本書の帯に推薦のメッセージをいただいた。『東條英機と天皇の時代』をはじめ日本の近現代史をテーマにした彼の作品群には学生時代から接し、強い刺激を受けてきた。そのような保阪さんに本書を評価していただけたことは、望外の喜びだ。記してここに感謝の気持ちを表したい。

この企画がこうして形になるまでに、多くの研究者や当時の関係者、ジャーナリスト、専門家の方々と意見交換や議論を重ねてきた。本当であれば一人ずつ謝辞を述べたいところだが、ひとりだけ名前を挙げるとすれば、本文中にも何度か登場した戦跡ガイドのヤイだろう。彼の豊富な知識と経験からは非常に多くのことを学ばせてもらったし、彼に現地をつぶさに案内してもらったことで、インパールの戦いについて自分ならではの議論を展開したいという思いを強くしていったからだ。インパール滞在中、彼の家に招かれて家族から温かく歓待していただいたのも良き思い出だ。

実はそのとき以来、インド北東部には再訪できていない。新型コロナウイルスの感染拡大により、インドは二〇二〇年三月以降外国人の入国が制限された状態がつづいているためだ。本稿の執筆時点では先を見通すのが難しい状況だが、いずれまた現地に足を運び、戦跡を訪ねてまわり、人びとの話に耳を傾け、その成果を発表したいと思っている。そのような環境が一日でも早く戻ってくることを切に願いながら、ひとまず筆を擱《お》くことにしたい。

二〇二一年五月二四日払暁

笠井亮平

参考文献

【英文文献】

Barker, A.J., *The March on Delhi*, Dehradun: Natraj Publishers, 1990.

Bayly, Christopher and Harper, Tim, *Forgotten Armies: Britain's Asian Empire and the War with Japan*, London: Penguin Books, 2005.

Bond, Brian, "The Army Level of Command: General Sir William Slim and Fourteenth Army in Burma", Brian Bond and Kyoichi Tachikawa eds., *British and Japanese Military Leadership in the Far Eastern War, 1941-1945*, London: Frank Cass, 2004.

Bose, Subhas Chandra, *Azad Hind: Writings and Speeches 1941-1943*, Calcutta: Netaji Research Bureau, 2002.

Bose, Subhas Chandra, *Chalo Delhi: Writings and Speeches 1943-1945*, Calcutta: Netaji Research Bureau, 2007.

Bose, Sugata, *His Majesty's Opponent: Subhas Chandra Bose and India's Struggle against Empire*, Gurgaon: Penguin Books India, 2013.

Bower, Ursula Graham, *Naga Path*, London: Murray, 1950.

Brobst, Peter John, *The Future of the Great Game: Sir Olaf Caroe, India's Independence, and the Defense of Asia*, Akron: University of Akron Press, 2005.

Chaphekar, S. G., *A Brief Study of the Burma Campaign, 1943-45*, Poona: Maharashtra Militarisation Board, 1955.

Connell, John, *Wavell: Supreme Commander, 1941-1943*, London: Collins, 1969.

Curzon, George Nathaniel, *Persia and the Persian Question*, Vol.1, London: Longmans, Green and Company, 1892.

Evans, Geoffrey, *Slim as Military Commander*, Sydney: Angus and Robertson, 1969.

Evans, Geoffrey and Brett-James, Antony, *Imphal: A Flower on Lofty Heights*, London: Macmillan, 1962.

Fellowes-Gordon, Ian, *Amiable Assassins: The Story of the Kachin Guerrillas of North Burma*, London: Robert Hale, 1957.

Grant, Ian Lyall, *Burma: The Turning Point*, Chichester: Zampi Press, 1993.

Guha, Ramachandra, *India after Gandhi*, New Delhi: Picador, 2007.

Hau, Vum Ko, *Profile of A Burma Frontier Man*, Bandung: Kilatmadju Press, 1963.

Hauner, Milan, *India in Axis Strategy*, Stuttgart: Klett-Cotta, 1981.

Intelligence Branch, Army Headquarters, India comp., *Frontier and Overseas Expeditions from India*, Vol.4 (North & North-eastern Frontier tribes), Delhi: Mittal Publications, 1983.

Kangjam, Yaiphaba Meetei, *Forgotten Voices of the Japan Laan: The Battle of Imphal and the Second World War in Manipur*, New Delhi: INTACH, 2019.

Katoch, Hemant Singh, *Imphal 1944: The Japanese Invasion of India*, Oxford and New York: Osprey

Publishing, 2018.

Keane, Fergal, *Road of Bones: The Epic Siege of Kohima 1944*, London: Harper Press, 2011.

Kelly, Desmond, "Kelly's Burma Campaign", *Asian Affairs*, Vol.39, No.1, March 2008, pp.17-46.

Khan, Shahnawaz, *My Memories of I.N.A. and Its Netaji*, Kuala Lumpur: The Other Press, 2016.

Khrienuo, "Nagas Role in World War II", *Journal of North East India Studies*, Vol.3(2), Jul-Dec 2013, pp.57-69.

Kirby, Woodburn, *The War against Japan*, Volume II: India's Most Dangerous Hour, London: Naval and Military Press, 2009.

Kirby, Woodburn, *The War against Japan*, Volume III: The Decisive Battles, London: Naval and Military Press, 2009.

Kuhlmann, Jan, *Netaji in Europe*, New Delhi: Rainlight, 2012.

Kuper, Adam, "An Interview with Edmund Leach", *Current Anthropology*, Vol.27, No.4, Aug-Oct 1986, pp.375-382.

Lebra, Joyce Chapman, *The Indian National Army and Japan*, Singapore: Institute of Southeast Asian Studies, 2008.

Lyman, Robert, *Kohima 1944: The battle that saved India*, Oxford and New York: Osprey Publishing, 2010.

Nagi, Savito, *Reminiscing the Battle of Kohima 1944*, Kohima: N. V. Press, 2019.

Pau, Pum Khan, "Tedim Road—The Strategic Road on a Frontier: A Historical Analysis", *Strategic*

Analysis, Vol. 36, No. 5, September-October 2012, pp.776-786.

Pau, Pum Khan, “Behind the enemy line: British-led guerrilla operations in the Indo-Burma frontier during the Second World War”, *Small Wars & Insurgencies*, Vol. 30, No. 2, 2019, pp.307-334.

Pau, Pum Khan, “Frontline Deployment Reconsidered: INA Operations in the Arakan and Chin Hills Sectors”, Sujit K. Ghosh ed., *INA and North East India*, Guwahati: EBH Publishers, 2021, pp.90-101.

Prasad, S. N., *et al*., *The Reconquest of Burma*, Volume I, June 1942-June 1944, Calcutta: Combined Inter-Services Historical Section, India & Pakistan, 1958-1959.

Rooney, David, *Burma Victory: Imphal and Kohima, March 1944 to May 1945*, London: Cassell, 1992.

Sahay, Anand Mohan, *Stirring Times: Memoirs of Anand Mohan Sahay*, Kolkata: Purple Peacock Books & Arts, 2009.

Slim, William, *Defeat into Victory*, London: Pan Books, 2009.

Swinson, Arthur, *Kohima*, London: Head of Zeus, 2015.

von Fürer-Haimendorf, Christoph, *The Naked Nagas*, Calcutta: Thacker Spink, 1946.

Yonuo, Asoso, *The Rising Nagas: A Historical and Political Study*, Delhi: Vivek Publishing House, 1974.

【和文文献】

アレン、ルイ『ビルマ 遠い戦場——ビルマで戦った日本と英国１９４１－45年（上）（中）（下）』

（平久保正男ほか訳）原書房、１９９５年
泉谷達郎『その名は南機関　ビルマ独立秘史』徳間書店、１９６７年
伊藤正徳『帝国陸軍の最後３　死闘篇』光人社（光人社ＮＦ文庫）、１９９８年
今井行順『アラカンに轟く太鼓　戦場の日本山』日印サルボダヤ交友会、１９８６年
岩畔豪雄『昭和陸軍　謀略秘史』日本経済新聞出版、２０１５年
ＮＨＫ取材班編『責任なき戦場　インパール』角川書店（角川文庫）、１９９５年
ＮＨＫスペシャル取材班『戦慄の記録　インパール』岩波書店、２０１８年
太田常蔵『ビルマにおける日本軍政史の研究』吉川弘文館、１９６７年
大庭定男『戦中ロンドン日本語学校』中央公論社（中公新書）、１９８８年
桶舎典男「日印協会を創立した人々　長岡護美、大隈重信、澁澤榮一」『月刊インド』２００３年11月号、pp.9-15
笠井亮平『インド独立の志士「朝子」』白水社、２０１６年
片山廣「萱葺信正（モハメッド・イブラーヒーム）物語」（飯森嘉助編著『イスラームと日本人（イスラーム信仰叢書６）』国書刊行会、２０１１年所収）
北部邦雄「思い出と反省――ビルマ・インド独立運動の記――（一）」『国策』１９５６年３月号
北部邦雄「思い出と反省――インド独立運動の記――（二）」『国策』１９５６年４月号
北部邦雄「南方に於ける思出と反省――インド独立運動の記――（六）」『国策』１９５６年８月号
木村宏一郎『忘れられた戦争責任　カーニコバル島事件と台湾人軍属』青木書店、２００１年
木村雅昭『大英帝国の盛衰　イギリスのインド支配を読み解く』ミネルヴァ書房、２０２０年

国塚一乗『印度洋にかかる虹　日本兵士の栄光』光文社、１９５８年
国塚一乗『インパールを越えて　Ｆ機関とチャンドラ・ボースの夢』講談社、１９９５年
軍事史学会編『大本営陸軍部戦争指導班　機密戦争日誌（上）（下）』錦正社、２００８年
参謀本部編『杉山メモ（下）』原書房、２００５年
杉田一次『情報なき戦争指導　大本営情報参謀の回想』原書房、１９８７年
スバス・チャンドラ・ボース・アカデミー『ネタジと日本人』（改訂増補版）、２０１５年
大松博文『おれについてこい！』講談社、１９６３年
高木俊朗『インパール』文藝春秋（文春文庫）、２０１８年
高木俊朗『抗命　インパール２』文藝春秋（文春文庫）、２０１９年
立川京一「戦争指導方針決定の構造―太平洋戦争時の日本を事例として―」『戦史研究年報』第13号（２０１０年３月）
玉居子精宏『大川周明　アジア独立の夢』平凡社（平凡社新書）、２０１２年
チャーチル、ウィンストン『第二次大戦回顧録　第13』（毎日新聞社翻訳委員会訳）毎日新聞社、１９５２年
チャーチル、ウィンストン『第二次大戦回顧録　第20』（毎日新聞社翻訳委員会訳）毎日新聞社、１９５４年
塚本幸一『塚本幸一　わが青春譜』日本図書センター、２００５年
辻政信『シンガポール――運命の転機――』東西南北社、１９５２年
ナイル、Ａ・Ｍ『知られざるインド独立闘争――Ａ・Ｍ・ナイル回想録』（河合伸訳）風濤社、２０

08年
中島岳志『中村屋のボース』白水社、2005年
中西嘉宏『ロヒンギャ危機――「民族浄化」の真相』中央公論新社（中公新書）、2021年
中根千枝『未開の顔・文明の顔』中央公論社（中公文庫）、1990年
中野校友会編『陸軍中野学校』中野校友会、1978年
西正義『西機関・ビルマを征く』サンエイプロス、1987年
根岸忠素「ネタジに近侍した頃の思出」、スバス・チャンドラ・ボース・アカデミー『ネタジと日本人』（改訂増補版）、2015年、pp.160-180
根本敬『物語 ビルマの歴史 王朝時代から現代まで』中央公論新社（中公新書）、2014年
バー・モウ『ビルマの夜明け 独立運動回想録』（横堀洋一訳）太陽出版、1995年
波多野澄雄『太平洋戦争とアジア外交』東京大学出版会、1996年
広中一成『牟田口廉也 「愚将」はいかにして生み出されたのか』星海社（星海社新書）、2018年
藤井日達『わが非暴力 藤井日達自伝』（山折哲雄編）春秋社、1992年
藤井元博「中国国民政府の対日戦略と軍事作戦―1942年のビルマ戦を事例として―」『戦史研究年報』第22号（2019年3月）、pp.1-29
藤井元博「ビルマ戦、1942年―日中の視点から」、防衛省防衛研究所『ブリーフィング・メモ』（2020年2月）、http://www.nids.mod.go.jp/publication/briefing/pdf/2020/202002.pdf
藤原岩市『藤原機関――インド独立の母』原書房、1970年
防衛庁防衛研修所戦史室『戦史叢書 第五巻 ビルマ攻略作戦』朝雲新聞社、1967年

防衛庁防衛研修所戦史室『戦史叢書　第一五巻　インパール作戦――ビルマの防衛』朝雲新聞社、１９６８年
防衛庁防衛研修所戦史室『戦史叢書　第二五巻　イラワジ会戦――ビルマ防衛の破綻』朝雲新聞社、１９６９年
防衛庁防衛研修所戦史室『戦史叢書　第五九巻　大本営陸軍部（四）昭和一七年八月まで』朝雲新聞社、１９７２年
防衛庁防衛研修所戦史室『戦史叢書　第六三巻　大本営陸軍部（五）昭和一七年一二月まで』朝雲新聞社、１９７３年
丸山静雄『中野学校　特務機関員の手記』平和書房、１９４８年
丸山静雄『インパール作戦従軍記――一新聞記者の回想――』岩波書店（岩波新書）、１９８４年
丸山静雄『インド国民軍――もう一つの太平洋戦争』岩波書店（岩波新書）、１９８５年
三角佐一郎「日印協会と歩んだ65年」『月刊インド』２００３年11月号、pp.16-53
三角佐一郎ほか『回想の日印関係　三角佐一郎談話録』東京外国語大学地球社会先端教育研究センター「史資料ハブ地域文化研究拠点」、２００８年
森田勇造『チンドウィン川紀行　インパール作戦の残像』三和書籍、２０１８年
薬師義美『大ヒマラヤ探検史　インド測量局とその密偵たち』白水社、２００６年
楊天石「蔣介石とインド独立運動」（渡辺直土訳）、西村成雄、石島紀之、田嶋信雄編『国際関係のなかの日中戦争（日中戦争の国際共同研究４）』慶應義塾大学出版会、２０１１年
リーチ、エドマンド・R『高地ビルマの政治体系』（関本照夫訳）弘文堂、１９８７年

参考文献

【未公刊史料】＊すべて防衛省防衛研究所所蔵

「飯田祥二郎回想録」

「磯田三郎中将回想録　光機関（南方軍遊撃隊司令部）について」

「インパール作戦　牟田口廉也手記」

「ウィンゲート将軍の作戦について」

『これだけ読めば戦は勝てる』

「一九四三年春英印軍『ウィンゲート』旅団の北緬挺進作戦が日本軍に与えた諸影響」

「対印作戦に関する意見」

「『マニプール』人の習慣に対する心得」

「宮崎繁三郎元陸軍少将の談話」

「山本支隊作戦経過の概要」

笠井亮平（かさい　りょうへい）

1976年愛知県生まれ。岐阜女子大学南アジア研究センター特別研究員。中央大学総合政策学部卒業後、青山学院大学大学院国際政治経済学研究科で修士号取得。専門は日印関係史、南アジアの国際関係、インド・パキスタンの政治。在インド、中国、パキスタンの日本大使館で外務省専門調査員として勤務後、横浜市立大学、駒澤大学などで非常勤講師を務める。著書に『インド独立の志士「朝子」』『モディが変えるインド』（以上、白水社）、訳書に『ビリオネア・インド』『シークレット・ウォーズ』（以上、白水社）などがある。

文春新書

1322

インパールの戦《たたか》い

ほんとうに「愚《ぐ》戦《せん》」だったのか

2021年7月20日　第1刷発行

著　者　笠井亮平
発行者　大松芳男
発行所　株式会社　文藝春秋

〒102-8008　東京都千代田区紀尾井町3-23
電話（03）3265-1211（代表）

印刷所　大日本印刷
製本所　加藤製本

定価はカバーに表示してあります。
万一、落丁・乱丁の場合は小社製作部宛お送り下さい。
送料小社負担でお取替え致します。

ISBN978-4-16-661322-9